Python×AI
生醫感測 健康大應用

施威銘研究室 著

CONTENTS

解讀人體密碼—認識生理訊號

每個人都是自己身體的主人，身為主人的你怎麼能不瞭解自己！現代的人們健康意識抬頭，逐漸重視起飲食習慣及生活作息，那麼在提升生活品質的同時，你又如何得知自己的健康狀況呢？或許你已經猜到答案是健康檢查了，健康檢查時醫生有時候會在你的身上貼一些奇怪的貼片，並連接到機器上，此時醫生會從機器顯示的數值來判斷你的身體狀況，你是否曾經好奇機器上那些波動的曲線是什麼，本套件就來替你解開心中的疑惑，帶你解開人體的神祕密碼。

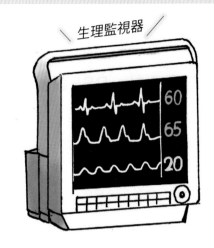

生理監視器

1-1 什麼是生理訊號

汽機車要保養時，可以把每個零件拆開來檢查，機器人要檢修時，也可以將外殼打開，然而人類可不行。因此為了得知我們的身體狀況，就得透過別的途徑，生理訊號就是我們檢測自己的依據，它通常是生物體內器官運作時所產生的生理現象。生理訊號有很多種的形式，例如：震動、壓力以及微小的電訊號，人類自古以來就知道如何運用生理訊號，古代中醫的把脈就是一種生理訊號的量測方法，以手指輕觸患者的動脈，並從脈象來推斷患者的病症，由於脈象的組成包括：心臟功能、血管機能及血液品質，因此中醫能藉由過去的經驗從中看出端睨。

現代的醫學講究的是精準及實質的數據，因此我們會利用機器將生理訊號呈現出來，醫生透過機器的輔助能更準確地進行病理判斷。為了取得生理訊號，必須使用一些感測器，這些感測器被稱為**生醫感測器**，由於人體的很多訊號都相當微弱，容易被環境所干擾，所以生醫感測器往往具備放大訊號及過濾訊號的能力，如此才能將特定的訊號提取出來。

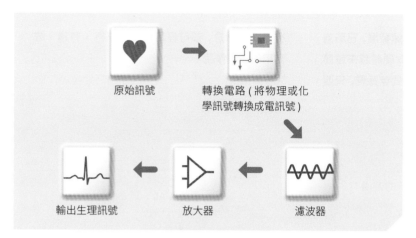

▲ 一般的生醫感測器設計流程圖

這些感測器所組成的系統,簡單的就是一些健康管理裝置,例如:健康手環、運動手錶,這些裝置可以量測到心跳等訊號,由於未經過法規認證,量測到的數值僅能供使用者自行參考,而專業級的器材,就是醫療儀器,例如:血壓計、耳溫槍,這些裝置量測到的數值可供醫生做診斷用途,兩者都是擷取生理訊號,差別在於有沒有經過檢驗。

1-2 生理訊號的種類

生理訊號有很多種,像是心電圖 (ECG) 就能取得心跳及心臟的狀況,肌電圖 (EMG) 能得知肌肉收縮的程度,腦電圖 (EEG) 可以記錄到大腦皮層所產生的微弱電流,這三者都是屬於生物電訊號,也就是人體神經在活動時所發出的生物電流,通常在取得這些訊號時,為了要讓電流順利導入感測器,都必須使用幫助導電的電極貼片。除了電訊號外,也有物理性的生理訊號,像是血壓 (BP)、呼吸訊號 (RSP),當然也有化學訊號,例如荷爾蒙、神經傳導物質,不論是哪種訊號最終都要轉換成電訊號,才能輸入進電腦,進行量測。

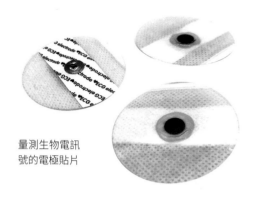

量測生物電訊號的電極貼片

1-3 當生理訊號遇上 AI

生理訊號是相當不穩定的訊號,加上又容易受到干擾,即便使用感測器輸入進電腦後,還得進行一些特殊的處理,這些處理過程往往需要許多複雜的技術和數學理論,若是使用當前最熱門的技術 - 人工智慧 (AI),就能以簡單的方式有效解決這些問題。由於人工智慧能自行找出解決辦法,因此我們只要建構好 AI 後,再把訊號丟給它就能搞定了。本套件便是利用 AI 來處理生醫感測器的數值,讓您不僅能學到各種生理訊號的知識,更是能學會目前最引人注目的 AI 技術,前 7 章會帶你認識並學習基礎的生理訊號,從第 8 章開始我們就會加入 AI 的元素,讓人工智慧來替我們解決難題。

交給我吧!

微控制器與 Python 簡介

創客 / 自造者 /Maker 這幾年來快速發展，已蔚為一股創新的風潮。由於各種相關軟硬體越來越簡單易用，即使沒有電子、機械、程式等背景，只要有想法有創意，都可輕鬆自造出新奇、有趣、或實用的各種作品。

2-1 本套件的架構

本套件中，大多的實驗都是如同以下的架構：

```
                          ┌──────────┐
                          │  程式      │
                          │(邏輯 & AI) │
                          └────┬─────┘
                               ↓
┌──────────┐        ┌──────────┐        ┌──────────┐
│ 生醫感測器 │  +    │  控制板    │   →   │  顯示介面   │
│          │        │  ESP32    │        │(電腦 or 網頁)│
└──────────┘        └──────────┘        └──────────┘
```

前一章我們已經介紹過生醫感測器，這一章就讓我們來了解控制板並開始寫程式吧！

2-2 ESP32 控制板簡介

ESP32 是一片**控制板**，你可以將它想成是一部小電腦，可以執行透過程式描述的運作流程，並且可藉由兩側的輸出入 (I/O) 腳位控制外部的電子元件，或是從外部電子元件獲取資訊。只要使用稍後會介紹的杜邦線，就可以將電子元件連接到輸出入腳位。

另外 ESP32 還具備 **Wi-Fi** 連網的能力，非常適合應用於 **IoT** 開發，可以將電子元件的資訊傳送出去，也可以透過網路從遠端控制 ESP32。

除了硬體上的優點外，一般的控制板都會使用較為複雜的 C/C++ 來開發，而 ESP32 除了 C/C++ 以外，還可以使用易學易用的 Python 來開發，讓使用者更加容易入手，下一章我們就帶大家認識一下簡單好學的 Python 吧！

2-3 安裝 Python 開發環境

在開始學 Python 控制硬體之前，當然要先安裝好 Python 開發環境。別擔心！安裝程序一點都不麻煩，甚至不用花腦筋，只要用滑鼠一直點下一步，不到五分鐘就可以安裝好了！

■ 下載與安裝 Thonny

Thonny 是一個適合初學者的 Python 開發環境，請連線 https://thonny.org 下載這個軟體：

1 連線 https://thonny.org

2 按此連結下載

⚠ 使用 Mac/Linux 系統的讀者請點選相對應的下載連結。

下載後請雙按執行該檔案，然後依照下面步驟即可完成安裝：

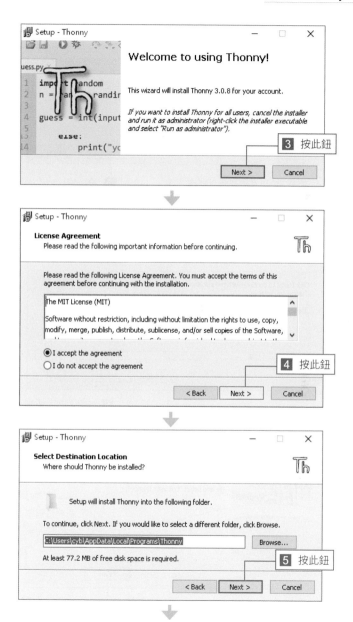

3 按此鈕

4 按此鈕

5 按此鈕

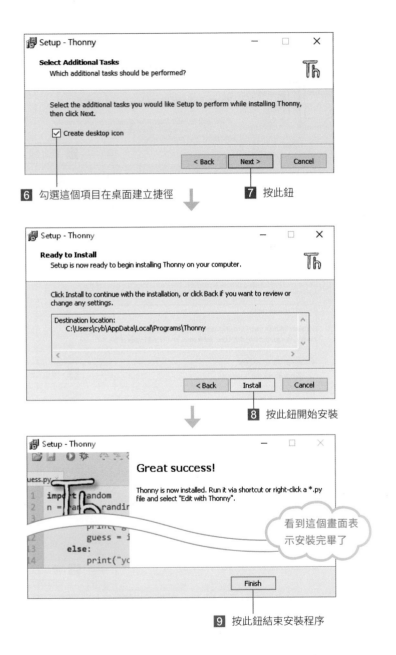

6 勾選這個項目在桌面建立捷徑　　7 按此鈕

8 按此鈕開始安裝

看到這個畫面表
示安裝完畢了

9 按此鈕結束安裝程序

開始寫第一行程式

完成 Thonny 的安裝後，就可以開始寫程式啦！

請按 Windows 開始功能表中的 **Thonny** 項目或桌面上的捷徑，開啟 Thonny 開發環境：

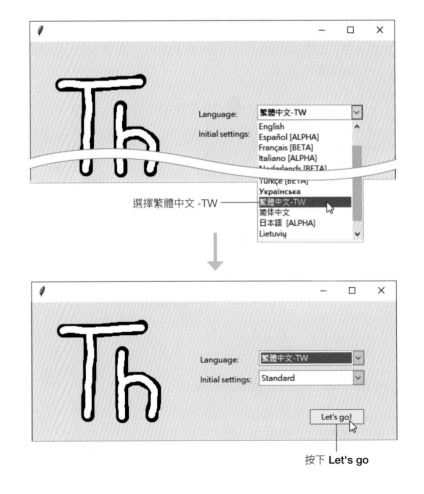

選擇繁體中文 -TW

按下 **Let's go**

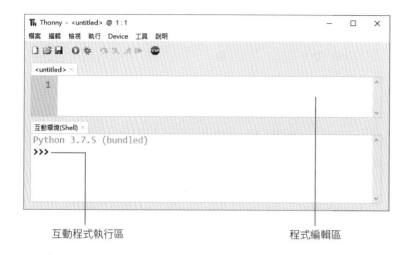

互動程式執行區　　　　　　　　　　　　　　程式編輯區

Thonny 的上方是我們撰寫編輯程式的區域，下方**互動環境 (Shell)** 窗格則是互動程式執行區，兩者的差別將於稍後說明。請如下在 **Shell** 窗格寫下我們的第一行程式：

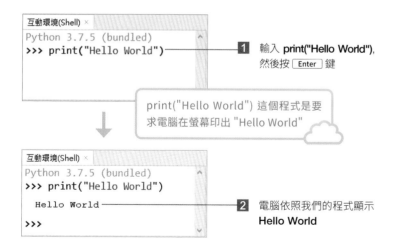

1　輸入 **print("Hello World")**，然後按 Enter 鍵

print("Hello World") 這個程式是要求電腦在螢幕印出 "Hello World"

2　電腦依照我們的程式顯示 **Hello World**

寫程式其實就像是寫劇本，寫劇本是用來要求演員如何表演，而寫程式則是用來控制電腦如何動作。

雖然說寫程式可以控制電腦，但是這個控制卻不像是人與人之間溝通那樣，只要簡單一個指令，對方就知道如何執行。您可以將電腦想像成一個動作超快，但是什麼都不懂的小朋友，當您想要電腦小朋友完成某件事情，例如唱一首歌，您需要告訴他這首歌每一個音是什麼、拍子多長才行。

所以寫程式的時候，我們需要將每一個步驟都寫下來，這樣電腦才能依照這個程式來完成您想要做的事情。

我們會在後面章節中，一步一步的教您如何寫好程式，做電腦的主人來控制電腦。

■ Python 程式語言

前面提到寫程式就像是寫劇本，現實生活中可以用英文、中文 ... 等不同的語言來寫劇本，在電腦的世界裡寫程式也有不同的程式語言，每一種程式語言的語法與特性都不相同，各有其優缺點。

Python 是由荷蘭程式設計師 Guido van Rossum 於 1989 年所創建，由於他是英國電視短劇 Monty Python's Flying Circus (蒙提‧派森的飛行馬戲團) 的愛好者，因此選中 **Python** (大蟒蛇) 做為新語言的名稱，而在 Python 的官網 (www.python.org) 中也是以蟒蛇圖案做為標誌：

Python 的
蟒蛇標誌

Python 是一個易學易用而且功能強大的程式語言，其語法簡潔而且口語化 (近似英文寫作的方式)，因此非常容易撰寫及閱讀。更具體來說，就是 Python 通常可以用較少的程式碼來完成較多的工作，並且清楚易懂，相當適合初學者入門，所以本書將會帶領您使用 Python 來控制硬體。

■ Thonny 開發環境基本操作

前面我們已經在 Thonny 開發環境中寫下第一行 Python 程式，本節將為您介紹 Thonny 開發環境的基本操作方式。

Thonny 上半部的程式編輯區是我們撰寫程式的地方：

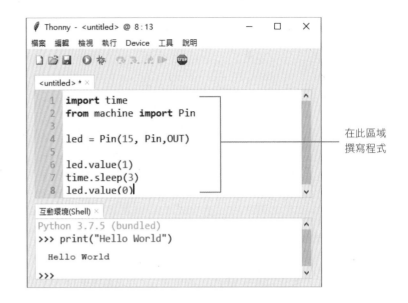

在此區域
撰寫程式

可以說，上半部程式編輯區類似稿紙，讓我們將想要電腦做的指令全部寫下來，寫完後交給電腦執行，一次做完所有指令。

而下半部 **Shell** 窗格則是一個交談的介面，我們寫下一行指令後，電腦就會立刻執行這個指令，類似老師下一個口令學生做一個動作一樣。

所以 Shell 窗格適合用來作為程式測試，我們只要輸入一句程式，就可以立刻看到電腦執行結果是否正確。

⚠ 本書後面章節若看到程式前面有 >>>，便表示是在 Shell 窗格內執行與測試。

若您覺得 Thonny 開發環境的文字過小, 請如下修改相關設定:

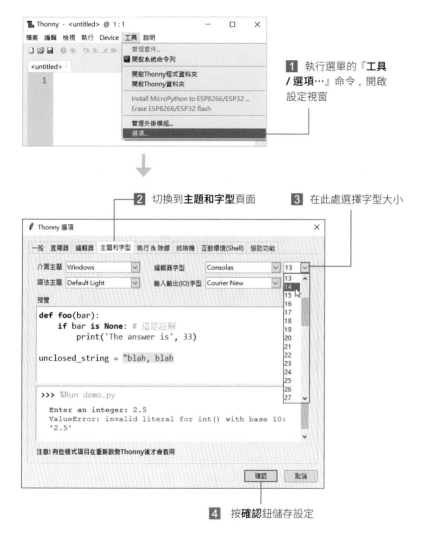

1 執行選單的『**工具 / 選項…**』命令, 開啟設定視窗

2 切換到**主題和字型**頁面

3 在此處選擇字型大小

4 按**確認**鈕儲存設定

如果覺得介面上的按鈕太小不好按, 可以在設定視窗如下修改:

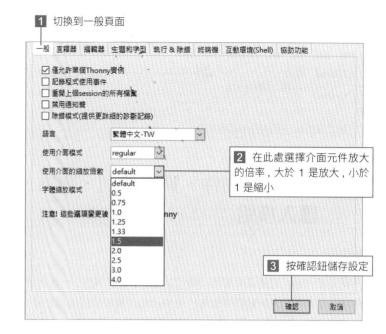

1 切換到一般頁面

2 在此處選擇介面元件放大的倍率, 大於 1 是放大, 小於 1 是縮小

3 按確認鈕儲存設定

⚠ 設定完成必須重新啟動 Thonny 才會生效。

日後當您撰寫好程式, 請如下儲存:

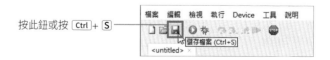

按此鈕或按 Ctrl + S

若要打開之前儲存的程式或範例程式檔, 請如下開啟:

按此鈕或按 Ctrl + O

⚠ 本套件範例程式下載網址: https://www.flag.com.tw/DL?FM636A。

如果要讓電腦執行或停止程式，請依照下面步驟：

按此鈕則會停止程式

按此鈕或按 F5 開始執行程式

2-4 Python 物件、資料型別、變數、匯入模組

■ 物件

前面提到 Python 的語法簡潔且口語化，近似用英文寫作，一般我們寫句子的時候，會以主詞搭配動詞來成句。用 Python 寫程式的時候也是一樣，Python 程式是以『**物件**』(Object) 為主導，而物件會有『**方法**』(method)，這邊的物件就像是句子的主詞，方法類似動詞，請參見下面的比較表格：

寫作文章	寫 Python 程式	說明
車子	car	car 物件
車子向前進	car.go()	car 物件的 go 方法

物件的方法都是用點號 . 來連接，您可以將 . 想成『的』，所以 car.go() 便是 car 的 go() 方法。

方法的後面會加上括號 ()，有些方法可能會需要額外的資訊，假設車子向前進需要指定速度，此時速度會放在方法的括號內，例如 car.go(100)，這種額外資訊就稱為『**參數**』。若有多個參數，參數間以英文逗號 "," 來分隔。

請在 Thonny 的 Shell 窗格，輸入以下程式練習使用物件的方法：

使用字串物件 'abc' 的 upper() 方法，將字串轉成大寫

find() 方法尋找 'b' 出現的位置 (從 0 起算)

⚠ 在大多數程式語言中都會從 0 開始計算一串資料的順序，此例中 'c' 的位置就是 2，以此類推。

replace() 方法將所有 'b' 取代為 'z'

⚠ 不同的物件會有不同的方法，本書稍後介紹各種物件時，會說明該物件可以使用的方法。

■ 資料型別

上面我們使用了字串物件來練習方法，Python 中只要用成對的 " 或 ' 引號括起來的就會自動成為字串物件，例如 "abc"、'abc'。

除了字串物件以外，我們寫程式常用的還有整數與浮點數 (小數) 物件，例如 111 與 11.1。所以數字如果沒有用引號括起來，便會自動成為整數與浮點數物件，若是有括起來，則是字串物件：

```
>>> 111 + 111        ← 整數相加
222
```

```
>>> '111' + '111'    ← 字串串接
'111111'
```

我們可以看到雖然都是 111，但是整數與字串物件用 + 號相加的動作會不一樣，這是因為其資料的種類不相同。這些資料的種類，在程式語言中我們稱之為『**資料型別**』(Data Type)。

寫程式的時候務必要分清楚資料型別，兩個資料若型別不同，便可能會導致程式無法運作：

```
>>> 111 + '111'    ← 不同型別的資料相加發生錯誤
  Traceback (most recent call last):
    File "<pyshell>", line 1, in <module>
  TypeError: unsupported operand type(s) for +: 'int' and 'str'
```

對於整數與浮點數物件，除了最常用的加 (+)、減 (-)、乘 (*)、除 (/) 之外，還有求除法的餘數 (%)、及次方 (**)：

```
>>> 5 % 2
1
>>> 5 ** 2
25
```

■ 變數

在 Python 中，變數就像是掛在物件上面的名牌，幫物件取名之後，即可方便我們識別物件，其語法為：

```
變數名稱 = 物件
```

例如：

```
>>> n1 = 123456789    ← 將整數物件 123456789 取名為 n1
>>> n2 = 987654321    ← 將整數物件 987654321 取名為 n2
>>> n1 + n2           ← n1 + n2 實際上便是 123456789 + 987654321
1111111110
```

變數命名時只用**英**、**數字**及**底線**來命名，而且第一個字不能是數字。

⚠ 其實在 Python 語言中可以使用中文來命名變數，但會導致看不懂中文的人也看不懂程式碼，故約定成俗地不使用中文命名變數。

■ 內建函式

函式 (function) 是一段預先寫好的程式，可以方便重複使用，而程式語言裡面會預先將經常需要的功能以函式的形式先寫好，這些便稱為**內建函式**，您可以將其視為程式語言預先幫我們做好的常用功能。

前面第一章用到的 print() 就是內建函式，其用途就是將物件或是某段程式執行結果顯示到螢幕上：

```
>>> print('abc')    ← 顯示物件
  abc
```

```
>>> print('abc'.upper())    ← 顯示物件方法的執行結果
  ABC
```

```
>>> print(111 + 111)    ← 顯示物件運算的結果
  222
```

⚠ 在 **Shell** 窗格的交談介面中，單一指令的執行結果會自動顯示在螢幕上，但未來我們執行完整程式時就不會自動顯示執行結果了，這時候就需要 print() 來輸出結果。

■ 匯入模組

　　既然內建函式是程式語言預先幫我們做好的功能,那豈不是越多越好?理論上內建函式越多,我們寫程式自然會越輕鬆,但實際上若內建函式無限制的增加後,就會造成程式語言越來越肥大,導致啟動速度越來越慢,執行時佔用的記憶體越來越多。

　　為了取其便利去其缺陷,Python 特別設計了**模組 (module)** 的架構,將同一類的函式打包成模組,預設不會啟用這些模組,只有當需要的時候,再用**匯入 (import)** 的方式來啟用。

　　模組匯入的語法有兩種,請參考以下範例練習:

```
>>> import time      ← 匯入時間相關的 time 模組
>>> time.sleep(3)    ← 執行 time 模組的 sleep() 函式,暫停 3 秒

>>> from time import sleep  ← 從 time 模組裡面匯入 sleep() 函式
>>> sleep(5)  ← 執行 sleep() 函式,暫停 5 秒
```

　　上述兩種匯入方式會造成執行 sleep() 函式的書寫方式不同,請您注意其中的差異。

2-5 安裝與設定 ESP32 控制板

　　剛剛我們練習寫的 Python 程式都是在個人電腦上面執行,因為個人電腦缺少對外連接的腳位,無法用來控制創客常用的電子元件,所以我們將改用 ESP32 這個小電腦來執行 Python 程式。

■ 下載與安裝驅動程式

　　為了讓 Thonny 可以連線 ESP32,以便上傳並執行我們寫的 Python 程式,請先連線 http://www.wch.cn/downloads/CH341SER_EXE.html,下載 ESP32 的驅動程式:

1 連線 http://www.wch.cn/downloads/CH341SER_EXE.html

2 按此鈕下載

若您使用 Mac, 系統已內建驅動程式,不用下載安裝。

下載後請雙按執行該檔案，然後依照下面步驟即可完成安裝：

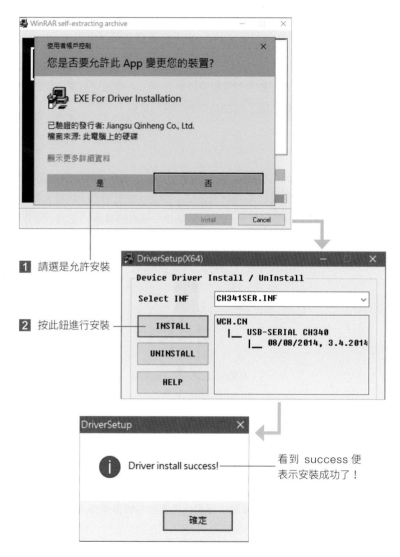

1 請選是允許安裝

2 按此鈕進行安裝

看到 success 便
表示安裝成功了！

⚠ 若無法安裝成功，請參考下一頁，先將 ESP32 開發板插上 USB 線連接電腦，然後再重新安裝一次。

■ 連接 ESP32

由於在開發 ESP32 程式之前，要將 ESP32 插上 USB 連接線，所以請先將 USB 連接線接上 ESP32 的 USB 孔，USB 線另一端接上電腦：

將 ESP32 接上電腦後，控制板上標示 "CHG" 文字旁的 LED 充電指示燈有機會為閃爍、熄滅或恆亮狀態，這是因為沒有接上電池充電可能會發生的情況，本套件不需要使用充電電池，無需理會燈號。若正常充電狀態，指示燈會恆亮，充飽後會熄滅。

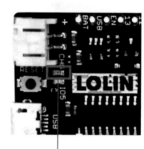

LED 充電指示燈

請如下設定 Thonny 連線 ESP32：

1 執行選單的『**工具 / 選項…**』命令，開啟設定視窗

2 切換到**直譯器**頁面

3 拉下選單選擇
MicroPython(一般)

4 拉下選單選一有 CH340 字樣
的序列埠 (Mac 上請選有 "/dev/
cu.wchusbserial" 字樣的項目)

5 按**確認**鈕儲存設定

在**互動環境 (Shell)** 窗格看到 MicroPython 字樣便表示連線成功

⚠ MicroPython 是特別設計的精簡版 Python, 以便在 ESP32 這樣記憶體較少的小電腦上面執行。

2-6 認識硬體

目前已經完成安裝與設定工作, 接下來我們就可以使用 Python 開發 ESP32 程式了。

由於接下來的實驗要動手連接電子線路, 所以在開始之前先讓我們學習一些簡單的電學及佈線知識, 以便能順利地進行實驗。

■ LED

LED, 又稱為發光二極體, 具有一長一短兩隻接腳, 若要讓 LED 發光, 則需對長腳接上高電位, 短腳接低電位, 像是水往低處流一樣產生高低電位差讓電流流過 LED 即可發光。LED 只能往一個方向導通, 若接反就不會發光。

電流　電流

高電位　　低電位

長腳　短腳

⚠ 本套件中的 LED 已內建
在 ESP32 上。

■ 麵包板

麵包板的表面有很多的插孔。插孔下方有相連的金屬夾, 當零件的接腳插入麵包板時, 實際上是插入金屬夾, 進而和同一條金屬夾上的其他插孔上的零件接通, 在本套件實驗中我們就需要麵包板來連接 ESP32 與其它電子元件。

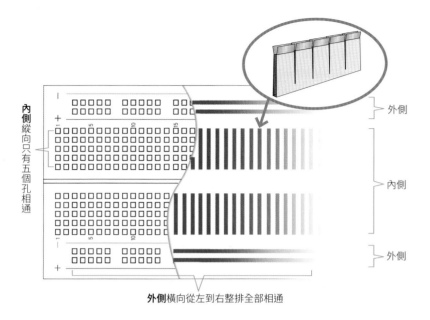

內側縱向只有五個孔相通

外側

內側

外側

外側橫向從左到右整排全部相通

■ 杜邦線

杜邦線是二端已經做好接頭的導線，可以很方便的用來連接 ESP32、麵包板、及其他各種電子元件。

公頭

母頭

⚠ 不同顏色的杜邦線功能都相同，顏色只是方便區分。

2-7 ESP32 的 IO 腳位以及數位訊號輸出

在電子的世界中，訊號只分為高電位跟低電位兩個值，這個稱之為**數位訊號**。在 ESP32 兩側的腳位中，標示為 0~34(當中有跳過一些腳位) 的 23 個腳位，可以用程式來控制這些腳位是高電位還是低電位，所以這些腳位被稱為**數位 IO (Input/Output) 腳位**。

本章會先說明如何控制這些腳位進行數位訊號**輸出**，之後會說明如何從這些腳位**輸入**數位訊號。

在程式中我們會以 1 代表高電位，0 代表低電位，所以等一下寫程式時，若設定腳位的值是 1，便表示要讓腳位變高電位，若設定值為 0 則表示低電位。

fritzing

⚠ 寫程式時需要寫對編號才能正常運作喔！

本套件的範例程式下載網址：

```
https://www.flag.com.tw/DL?FM636A
```

LAB01	閃爍 LED 燈
實驗目的	熟悉 Thonny 開發環境的操作，並點亮 ESP32 上內建的藍色 LED 燈
材　料	ESP32 控制版

■ 線路圖

此實驗無須接線

■ 設計原理

　　為了方便使用者測試，ESP32 上有一顆內建的**藍色 LED 燈**，這顆 LED 燈的**短腳**接於 5 號腳位，長腳接於 3.3V(高電位)。當 5 號腳位的狀態變成**低電位**時，會產生高低電位差讓電流流過 LED 燈使其發光。

　　當我們需要控制 ESP32 腳位的時候，需要先從 machine 模組匯入 Pin 物件：

```
>>>   from machine import Pin
```

　　前面提到 ESP32 上內建的 LED 燈接於 5 號腳位上，請如下以 5 號腳位建立 Pin 物件：

```
>>>   led = Pin(5,Pin.OUT)
```

　　上面我們建立了 5 號腳位的 Pin 物件，並且將其命名為 led, 因為建立物件時第 2 個參數使用了 **"Pin.OUT"**, 所以 5 號腳位就會被設定為**輸出腳位**。

　　然後即可使用 value() 方法來指定腳位電位高低：

```
>>>   led.value(1) ← 高電位, 熄滅 LED 燈
>>>   led.value(0) ← 低電位, 點亮 LED 燈
```

　　最後，我們希望讓 LED 燈不斷地閃爍下去，所以使用 Python 的 while 迴圈，讓 LED 燈持續點亮和熄滅：

while 迴圈

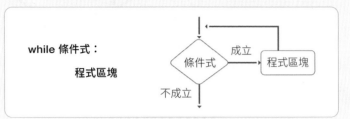

```
while 條件式：
        程式區塊
```

　　while 會先對條件式做判斷，如果條件成立，就執行程式區塊，然後再回到 while 做判斷，如此一直循環到條件式不成立時，則結束迴圈。

　　寫單晶片程式時，常常需要程式不斷的重複執行，這時可以使用 **while True** 語法來達成。前面提到 while 後面需要接**條件式** (例：while 3>2), 而條件式本身成立時，會回傳 **True(1)**, 所以 while True 代表條件式不斷成立，程式區塊會不斷重複執行。

```
>>>   while True:            # 一直重複執行
        led.value(1)         # 熄滅 LED 燈
        time.sleep(1)        # 暫停 1 秒
        led.value(0)         # 點亮 LED 燈
        time.sleep(1)        # 暫停 1 秒
```

　　while 的條件式後需要加上**冒號**『**：**』，冒號後面的程式區塊必須內縮，一般慣例會以『4 個空格』做為內縮的格數。

■ 程式設計

請在 Thonny 開發環境上半部的程式編輯區輸入以下程式碼，輸入以下程式碼，輸入完畢後請按 Ctrl+S 儲存檔案：

2 按此鈕或按 Ctrl+S 儲存檔案　　　　　1 程式編輯區輸入程式碼

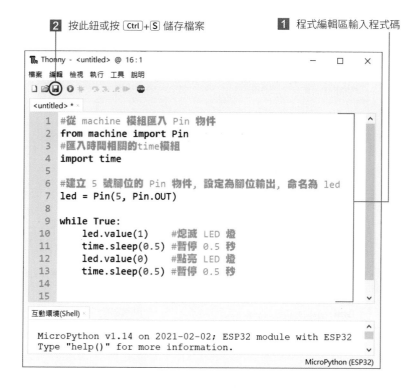

```
1  #從 machine 模組匯入 Pin 物件
2  from machine import Pin
3  #匯入時間相關的time模組
4  import time
5
6  #建立 5 號腳位的 Pin 物件，設定為腳位輸出，命名為 led
7  led = Pin(5, Pin.OUT)
8
9  while True:
10     led.value(1)    #熄滅 LED 燈
11     time.sleep(0.5) #暫停 0.5 秒
12     led.value(0)    #點亮 LED 燈
13     time.sleep(0.5) #暫停 0.5 秒
14
15
```

```
MicroPython v1.14 on 2021-02-02; ESP32 module with ESP32
Type "help()" for more information.
```

⚠ 程式裡面的 # 符號代表註解，# 符號後面的文字 Python 會自動忽略不會執行，所以可以用來加上註記解說的文字，幫助理解程式意義。輸入程式碼時，可以不必輸入 # 符號後面的文字。

3 選擇本機

⚠ 若看不到本機的字樣，可以直接點選兩個方框中位於上方的方框。

4 輸入檔名後按存檔鈕儲存

■ 實測

請按 F5 執行程式，即可看到 LED 每 0.5 秒閃爍一次。

⚠ 如果想要讓程式在 ESP32 開機自動執行，請在 Thonny 開啟程式檔後，執行功能表的『檔案 / 儲存副本…』命令後點選 MicroPython 設備，在**檔案名稱：**中輸入 main.py 後按 OK。若想要取消開機自動執行，請儲存一個空的同名程式即可。

如果你從市面上購買新的 ESP32 控制板，預設並不會幫您安裝 MicroPython 環境到控制板上，請依照以下步驟安裝：

1. 請依照 2-5 節下載安裝 ESP32 控制板驅動程式。

2. Thonny 功能表點選**工具 / 選項 / 直譯器**，選擇 **MicroPython (ESP32)** 選項，**連接埠**選擇有 CH340 字樣的埠號，筆者的是 **COM 21**，之後按下**安裝或是更新韌體**按鈕。

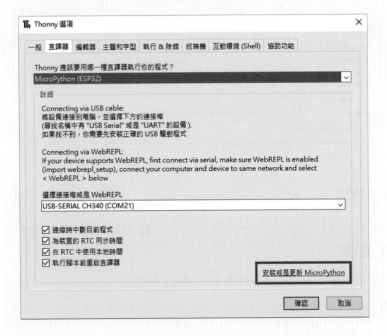

3. MicroPython 韌體位於**韌體**資料夾中，檔名為『esp32-V1.16.bin』

NEXT

4. 選擇 Port 以及資料夾內的 MicroPython 韌體的路徑後按下**安裝**，完成後按下確認。

1 選擇 Port

ESP32 firmware installer ×

This dialog allows installing or updating firmware on ESP32 using the most common settings. If you need to set other options, then please use 'esptool' on the command line.

Note that there are many variants of MicroPython for ESP devices. If the firmware provided at micropython.org/download doesn't work for your device, then there may exist better alternatives -- look around in your device's documentation or at MicroPython forum.

Port　USB-SERIAL CH340 (COM21)　　　　　　　∨　Reload

Firmware　C:/Users/Admin/Desktop/工作/FM636A/韌體/esp32-v1.16.bin　Browse...

Flash mode
- ● From image file (keep)　○ Quad I/O (qio)
- ○ Dual I/O (dio)　　　　　○ Dual Output (dout)
☑ Erase flash before installing

安裝　取消

3 點擊　　**2** 選擇韌體

Erasing flash (this may take a w...　　安裝　取消

Writing at 0x00011000... (8 %)　　安裝　取消

Done!　　安裝　**關閉**

4 點擊

NEXT

MEMO

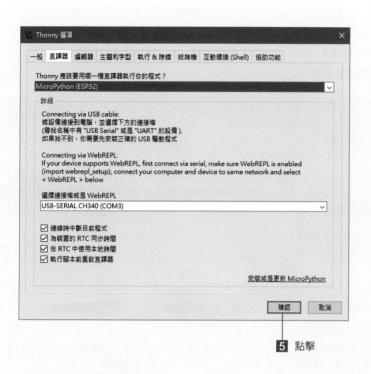

⑤ 點擊

5. 重新連接後若 Shell 窗格中出現 MicroPython 字樣代表安裝成功。

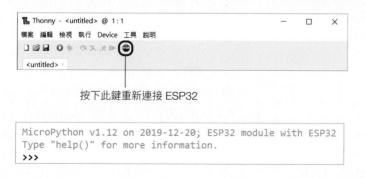

按下此鍵重新連接 ESP32

```
MicroPython v1.12 on 2019-12-20; ESP32 module with ESP32
Type "help()" for more information.
>>>
```

藏不住的謊言－膚電反應 (GSR)

在不少犯罪相關的影視作品中，都能看到測謊器的身影，它的發明主要是用來審問犯罪嫌疑人，試圖揭穿真相。不過測謊器是如何看穿謊言的呢？

它是不是真的有效？這一章就讓我們來自製一個簡易的測謊器，並了解它背後的原理。

3-1 測謊器原理

當我們說謊時，可能會因為緊張、壓抑等情緒而導致交感神經引起一系列的生理反應，其中包括皮膚導電的變化，由於這是非自主控制的，因此我們可以從這個變化中取得蛛絲馬跡。

交感神經興奮時會促進血管收縮及汗腺分泌，由於汗水中富含電解質，因此有不錯的導電性，會降低人體皮膚的電阻，我們將皮膚電阻變化的反應稱為：膚電反應 (Galvanic skin response, GSR)，因此只要能量測到 GSR 值，我們就能藉此推斷這個人是否在說謊，當皮膚電阻越來越小時，就代表說謊的可能性也不斷在提高。

3-2 認識類比訊號

前一章節使用 ESP32 來控制 LED 時，所使用的是數位訊號 (0/1、High/Low、或 On/Off...)，數位訊號主要是單晶片、電腦內部處理的資料型式。但在現實世界中則幾乎都是類比訊號：不管是我們看到、聽到、聞到的都是類比式的訊號，例如細看水銀溫度計的每個刻度之間，都還可以觀察出不同的連續性變化：

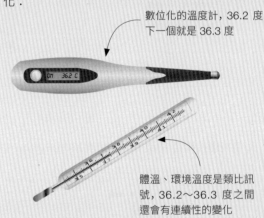

數位化的溫度計，36.2 度下一個就是 36.3 度

體溫、環境溫度是類比訊號，36.2～36.3 度之間還會有連續性的變化

利用感測器、電子電路，可將真實世界的類比量轉換成電子訊號，例如電壓的變化。如前文所述，為了讓 ESP32 可進一步處理，就必須進行類比數位轉換 (ADC)，將電壓變化轉成可用 0、1 來表達的數位資料型式。

ESP32 控制板具有多個類比輸入腳位 (例如 VP、VN), 當類比輸入腳位偵測到電壓輸入時, ADC 轉換會將特定電壓範圍轉成整數值, 因此我們能藉由取得的整數值推算出電壓值, 而根據歐姆定理又能進一步得出電阻值。

接著, 我們就先來實作一個可以量測膚電反應 (GSR) 的裝置, 並觀察和紀錄皮膚電阻會因為哪些外在因素而改變。

■ 接線圖

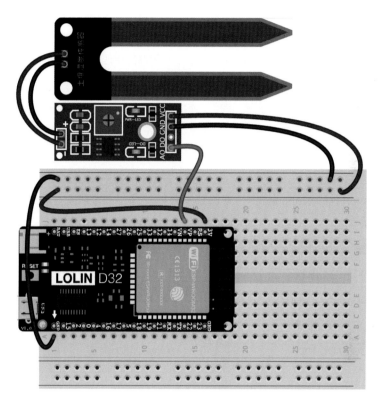

fritzing

LAB02	膚電反應量測器
實驗目的	製作可以量測膚電反應 (GSR) 的裝置, 並記錄要用於下一個實驗的基準值。
材　料	• ESP32 • 土壤溼度計 • 杜邦線若干

ESP32	土壤溼度計
3V	VCC
GND	GND
VP	A0

■ 設計原理

　　膚電反應是生理訊號中相對容易取得且不需要特別處理的訊號，只要使用能量測電阻變化的電路設計即可，因此此實驗將使用土壤濕度感測器來完成，該感測器是藉由土壤中濕度較高，導電度也較高的原理來判斷當前的土壤濕度，其本質上便是電阻感測器，相當適合用來量測膚電反應。

　　土壤濕度感測器的類比輸出腳位，連接到 ESP32 的類比輸入腳位，只要在程式中使用 ADC 類別，便能量測電壓，得知電阻變化。使用時要設定 **ADC 類比輸入電壓範圍**和**取樣位元**，可分別透過 ADC 類別的 atten() 和 width() 方法調整。

　　atten 指的是 attenuation（衰減量），用來調整輸入電壓範圍，可使用的衰減值為：

參數	輸入電壓範圍
ADC.ATTN_0DB	100mV~950mV
ADC.ATTN_2_5DB	100mV~1250mV
ADC.ATTN_6DB	150mV~1750mV
ADC.ATTN_11DB	150mV~2450mV

　　width 指的是位元數，用來調整 ADC 的取樣位元數，位元數越高代表解析度越高，也就是同一筆資料分得更細，越能觀察到細微的變化。

參數	輸入電壓範圍
ADC.WIDTH_9BIT	9 位元 (2^9, 0~511)
ADC.WIDTH_10BIT	10 位元 (2^{10}, 0~1023)
ADC.WIDTH_11BIT	11 位元 (2^{11}, 0~2047)
ADC.WIDTH_12BIT	12 位元 (2^{12}, 0~4095)

■ 程式設計

LAB02.py

```
1  import time
2  from machine import Pin, ADC
3
4  adc_pin = Pin(36)                    # 36是ESP32的VP腳位
5  adc = ADC(adc_pin)                   # 設定36為輸入腳位
6  adc.width(ADC.WIDTH_9BIT)            # 設定位元數
7  adc.atten(ADC.ATTN_11DB)             # 設定最大電壓
8
9  while True:
10     gsr = adc.read()
11     print(gsr)
12     time.sleep(0.1)
```

■ 測試程式

　　請按下 [F5] 執行程式，並如下圖所示拿著感測器。程式執行後互動環境會每隔 0.1 秒顯示一個數值，根據該感測器的電路設計，越大的數值代表越大的電阻，即說謊的可能性越小，反之，越小的數值代表越有可能在說謊，如果值一直是 0 或 511 就代表線路接錯，請回到前面檢查**接線圖**。

互動環境 (Shell) ×

```
176
175
174
175
174
175
175
174
174
173
175
173
172
```

觀察電阻值的變化

這裡我們要做一個實驗,也就是取得受測者緊張狀態的數值,和不緊張狀態的數值。不緊張的數值即為手持感測器且心情放鬆的數值,請記錄下該數值 (較高)。由於一時很難產生緊張的情緒,因此可以使用摩擦手掌來取代,由於雙手掌摩擦時會產生些許靜電,同樣會造成皮膚導電度提升,電阻下降,在快速摩擦手掌後,再握持感測器,此時觀測到的數值便紀錄為緊張狀態的數值 (較低)。

3-3 為測謊器加入介面

雖然我們目前已經能看到膚電反應值,但這樣的顯示方式不夠直觀,而且還要一直連接電腦,不是這麼的方便,我們之前提到過,ESP32 控制板本身具備 Wi-Fi 無線網路,而現代人手邊幾乎都會有一個以上具有 Wi-Fi 的裝置,例如:手機、平板、筆記型電腦等等,因此只要讓這些裝置和 ESP32 相互通訊,就可以把手邊的裝置當成測謊器的介面了。在這一節中,我們就要實作一個有無線介面的測謊器,讓使用者可以用更視覺化的方式看穿對方的謊言。

3-4 Wi-Fi 網路連線

使用網路功能時,需要匯入內建的 network 模組,利用其中的 WLAN 類別建立控制無線網路的物件:

```
>>>  import network
>>>  sta = network.WLAN(network.STA_IF)
```

使用 WLAN 類別建立無線網路物件時,有 2 種網路介面可以選擇:

網路介面	說明
network.STA_IF	工作站 (station) 介面,用來連接現有的 Wi-Fi 無線網路基地台,以便連上網際網路
network.AP_IF	存取點 (access point) 介面,可以讓 ESP32 變成無線基地台,建立區域網路

由於我們要讓 ESP32 連上 Wi-Fi 無線網路,所以要使用工作站 (station)介面。建立完網路物件後,要先啟用網路介面:

```
>>>  sta.active(True)
```

參數 True 表示啟用網路介面;如果傳入 False 則會停止網路介面。接著,就可以嘗試連上 Wi-Fi 無線網路:

```
>>>  sta.connect('無線網路名稱', '無線網路密碼')
```

其中的 2 個參數就是要連線的無線網路的名稱與密碼,請注意大小寫要正確,才不會連不上指定的無線網路。這裡可以使用手機等裝置分享的 Wi-Fi無線網路,也可以使用場地既有的 Wi-Fi 無線網路基地台。例如無線網路名稱為 FLAG,密碼為 12345678,只要如下呼叫 connect() 方法即可連上裝置:

```
>>>  sta.connect('FLAG', '12345678')
```

⚠️ ESP32 不支援 5GHz 頻段無線網路,連線時需注意搭配使用的無線網路基地台需為 2.4GHz頻段。

為了確保 ESP32 連上裝置後才繼續執行後續的網路相關程式,通常會在呼叫 connect() 之後使用 isconnected() 方法確認已連上無線網路,例如:

```
>>>  while not sta.isconnected():
>>>      pass
```

上例中的 pass 是一個特別的敘述，它的實際效用是甚麼也不做，當你必須在迴圈中加入程式區塊才能維持語法正確性時，就可以使用 pass，由於它什麼也不會做，就不必擔心會造成任何意外的副作用。上例就是持續檢查是否已經連上指定無線網路，如果沒有，就往 while 迴圈的下一輪繼續檢查連網狀況。

若要檢查連上網路後的相關設定，可以呼叫 ifconfig()：

```
>>> sta.ifconfig()
('192.168.100.40', '255.255.255.0', '192.168.100.254',
'168.95.192.1')
```

ifconfig() 傳回的是稱為**元組 (tuple)** 的容器，元組是以小括號 () 表示，使用上和中括號 [ ] 表示的**串列 (list)** 非常相似。在 ifconfig() 傳回的元組中，共有 4 個元素，依序為**網路位址 (Internet Protocol address, IP 位址)**、**子網路遮罩 (subnet mask)**、**閘道器 (gateway) 位址**、**網域名稱伺服器 (Domain Name Server, DNS) 位址**。如果只想顯示其中單項資料，可以使用中括號 [] 標註從 0 起算的索引值 (index)，例如以下即可顯示 IP 位址：

```
>>> sta.ifconfig()[0]
'192.168.100.40'
```

軟體補給站　串列 (list) 與元組 (tuple)

串列 (list) 和**元組 (tuple)** 就像一個容器，可以讓您隨意放置多項資料，這些資料稱為『元素』(element)，會依序排列放置。要取出其中的值時，只需利用中括號搭配索引值即可，例如：

```
>>> fruit = ["apple", "banana", "lemon"]
>>> color = ("red", "yellow", "green")
>>> fruit[1]    # 讀取串列的第1個元素（注意！元素是由 0 算起）
'banana'
>>> color[1]    # 讀取元組的第1個元素
'yellow'
```

串列與元組的差別在於串列的內容是可以更改的，但是元組的內容建立後即無法更改，例如：

```
>>> fruit[0] = "tomato"
>>> fruit
['tomato', 'banana', 'lemon']
```

上例中因為 fruit 是串列，所以可以修改其內容。如果將相同的操作套用在元組上，就會出錯：

```
>>> color[0] = "green"
Traceback (most recent call last):
  File "<pyshell>", line 1, in <module>
TypeError: 'tuple' object does not support item assignment
```

你可以看到嘗試修改元組的內容時會出錯，錯誤訊息告訴我們 tuple 物件『不支援指定值』的功能。

3-5 讓 ESP32 控制板變成網站

為了讓手機或是筆電等裝置都能成為介面，我們會讓 ESP32 變成網站，傳輸生理訊號到其他裝置，這樣手機或筆電只要執行瀏覽器，就可以接收訊號，而不需要為個別裝置設計專屬的 App 或應用程式。

■ ESPWebServer

要讓 ESP32 變成網站並提供網頁瀏覽服務，可以使用 ESPWebServer 模組，透過簡單的 Python 程式提供網站的功能。使用前需要先上傳模組：

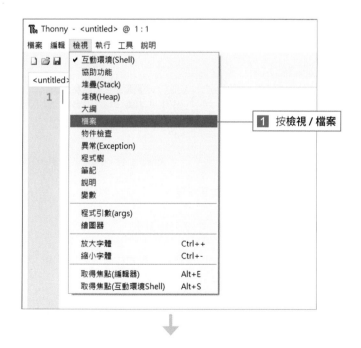

1 按檢視 / 檔案

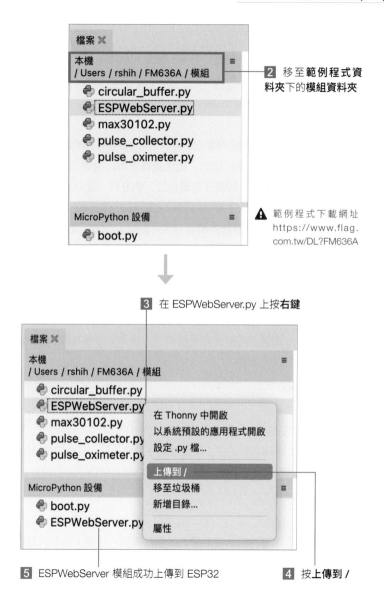

2 移至**範例程式資料夾**下的**模組資料夾**

⚠ 範例程式下載網址
https://www.flag.com.tw/DL?FM636A

3 在 ESPWebServer.py 上按**右鍵**

5 ESPWebServer 模組成功上傳到 ESP32

4 按**上傳到 /**

■ 啟用網站

先匯入 ESPWebServer 模組，接著再啟用網站功能：

```
>>>   import ESPWebServer      # 匯入模組
>>>   ESPWebServer.begin(80) # 啟用網站
```

這裡傳入的 80 稱為連接埠編號，就像是公司內的分機號碼一樣，其中 80 號連接埠是網站預設使用的編號，就像總機人員分機號碼通常是 0 一樣。如果更改了這裡的編號，稍後在瀏覽器鍵入網址時，就必須在位址後面加上 ": 編號 "。例如，若網站的 IP 位址為 "192.168.100.40"，啟用網站時將編號改為 5555，那麼在瀏覽器的網址列中就要輸入 "192.168.100.40:5555"，若保留 80 不變，網址就只要寫 "192.168.100.40"，瀏覽器就知道你指的是 "192.168.100.40:80"。

■ 處理指令

啟用網站後，還要決定如何處理接收到的指令 (也稱為**請求 (requests)**)，這可以通過以下程式完成：

```
>>>   ESPWebServer.onPath("/lie", handleCmd)
```

第 1 個參數是路徑，也就是指令名稱，開頭的 "/" 表示根路徑，需要的話還可以再用 "/" 分隔名稱做成多階層的指令架構。個別指令可透過第 2 個參數指定專門處理該指令的對應函式。在瀏覽器網址中指定路徑的方式如下：

```
http://192.168.100.40/lie
```

尾端的 "/lie" 就是路徑，指令還可以像是函式一樣傳入參數附加額外的資訊，附加參數的方法如下：

```
http://192.168.100.40/lie?status=yes
```

指令名稱後由問號隔開的部分就是參數，由『參數名稱 = 參數內容』格式指定。

對應路徑 (指令) 的處理工作則是交給指定的函式來處理，在剛剛的例子中就指定由 **handleCmd** 這個函式來處理 "/lie" 路徑的請求。處理網站指令的函式必須符合以下規格：

```
def handleCmd(socket, args):
    ...
```

第 1 個參數是用來進行網路傳輸用的物件，要傳送回應資料給瀏覽器時，就必須用到它。第 2 個參數是一個字典物件，內含隨指令附加的參數，你可以透過 in 判斷字典中是否包含有指定名稱的元素，並進而取得元素值，即可得到參數內容。例如：

```
def handleCmd(socket, args):
    if "status" in args:            # 判斷是否有名為 status 的參數
        if args["status"] == "yes": # 判斷 status 參數內容是否為 yes
            ...
        if args["status"] == "no":
            ...
```

如此即可依據參數內容進行對應處理。

■ 回應資料給瀏覽器

瀏覽器送出指令後會等待網站回應資料，程式在處理完指令後，可以使用以下程式傳送資料回去給瀏覽器：

```
>>>   # 指令正確執行
>>>   ESPWebServer.ok(socket, "200", "OK")
>>>   # 若指令執行發生錯誤，例如參數不正確
>>>   ESPWebServer.err(socket, "400", "ERR")
```

第 1 個參數就是處理指令的函式收到的傳輸用物件，第 2 個參數為狀態碼，200 代表指令執行成功、400 則表示錯誤。最後一個參數就是實際要傳送回瀏覽器的資料，這可以是純文字或是 HTML 內容。

軟體補給站　HTTP 狀態碼

HTTP 傳輸協定瀏覽器與網站之間的溝通都定義在 HTTP 協定中，若想瞭解個別狀態碼的意義，可參考底下所列的線上文件：

https://goo.gl/a94q5M

■ 指定回應網頁

在 ESPWebServer 模組中，也有提供回傳 HTML 網頁的功能，只要先上傳 HTML 到 ESP32 上，之後在裝置的瀏覽器輸入 **http://+IP 位址+/+HTML 檔名**，即可回傳網頁，例如，可以輸入以下網址：

```
http://192.168.100.40/lie_detector.html
```

如果後面沒有加上 HTML 檔名：

```
http://192.168.100.40
```

那麼 ESPWebServer 模組預設會回傳名為 **index.html** 的網頁。

■ 檢查新收到的請求指令

為了讓剛剛建立的網站運作，我們還需要在主程式中加入無窮迴圈，持續檢查是否有收到新的指令，執行對應的指令處理函式：

```
>>>    while True:
>>>        ESPWebServer.handleClient()
```

LAB03　無線介面測謊器

實驗目的	建立一個網站用來接收測謊數值，並將數值轉換成直觀的顯示介面。
材　料	同 LAB02

■ 接線圖

同 LAB02

■ 設計原理

此 LAB 使用已經事先設計好的網頁，從下圖中可以看到網頁中有一個半圓的轉盤，這個轉盤的 180°~360°就對應到受測者在說謊的可能性：

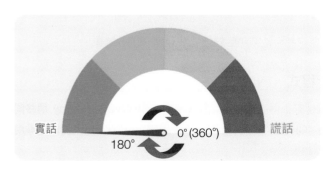

我們要將膚電反應對應到數值 180~360, 再把這個數值傳送給網站, 因此會使用到上一個實驗中所記錄到的緊張狀態數值和不緊張狀態數值。以下為數值轉換函式:

```
>>> def gsr_converter(raw_val, min_val, max_val):
>>>     raw_val *= -1
>>>     gsr_val = ((raw_val + max_val)
>>>         /(max_val - min_val)*(360 - 180) + 180)
>>>     return gsr_val
```

此函式中 **min_val** 參數要設定為較小的數值 (緊張狀態的數值), **max_val** 參數則要設定為較大的數值 (不緊張狀態的數值)。

由於網頁需要定時更新數值資料, 但又要確保能持續檢查網站是否有收到新的指令, 無法像前一個實驗使用 time.sleep() 讓程式停下以控制時間, 必須使用計時器控制讀取頻率, 可以先建立一個計時器變數存放程式執行到此程式碼的**現在時間**:

```
>>> time_mark = utime.ticks_ms()     # 取得當前時間
```

取得**經過時間**則可以使用 utime.ticks_diff(**時間 1**, **時間 2**), 即是**時間 1** 減去**時間 2**, 藉此判斷是否超過指定時間, 如 100 ms (毫秒), 再執行程式, 執行完再重置計時器:

```
if utime.ticks_diff(utime.ticks_ms(), time_mark) > 100:
    ...
    time_mark = utime.ticks_ms() # 重置計時器
```

■ 設計程式

請先確認有上傳 " 模組 " 資料夾中的 **ESPWebServer.py** 網路伺服器模組, 以及 "CH03 / 上傳資料 " 資料夾中的 **index.html** 測謊器專用網頁到 ESP32 控制板上。

⚠ 本套件範例程式下載網址: https://www.flag.com.tw/DL?FM636A

LAB03.py

```
1   # 匯入 utime 模組用以計時
2   from utime import ticks_ms, ticks_diff
3   from machine import Pin, ADC
4   import network, ESPWebServer
5
6   adc_pin = Pin(36)              # 36是ESP32的VP腳位
7   adc = ADC(adc_pin)            # 設定36為輸入腳位
8   adc.width(ADC.WIDTH_9BIT)  # 設定分辨率位元數(解析度)
9   adc.atten(ADC.ATTN_11DB)   # 設定最大電壓
10
11  angle = 180                  # 膚電反應轉換後角度
12
13  def SendAngle(socket, args):   # 處理 /lie 指令的函式
14      ESPWebServer.ok(socket, "200", str(angle))
15
16  # 將膚電反應對應到180~360的函式
17  def gsr_to_angle(raw_val, min_val, max_val):
18      raw_val *= -1
19      new_val = ((raw_val + max_val)
20          /(max_val - min_val)*(360 - 180) + 180)
21      return new_val
22
23  print("連接中...")
24  sta = network.WLAN(network.STA_IF)
25  sta.active(True)
26  sta.connect("無線網路名稱", "無線網路密碼")
27
28  while not sta.isconnected():
29      pass
30
31  print("已連接, ip為:", sta.ifconfig()[0])
32
33  ESPWebServer.begin(80)                    # 啟用網站
34  ESPWebServer.onPath("/lie", SendAngle)  # 指定處理指令的函式
35
36  time_mark = ticks_ms()     # 取得當前時間
```

```
37    while True:
38        # 持續檢查是否收到新指令
39        ESPWebServer.handleClient()
40
41        # 當計時器變數與現在的時間差小於 100 則執行任務
42        if ticks_diff(ticks_ms(), time_mark) > 100:
43            gsr = adc.read()
44            angle = gsr_to_angle(gsr, 400, 511)
45            time_mark = ticks_ms() # 重置計時器
```

● 第 26 行：填入自己的無線網路名稱與密碼。

■ 測試程式

請確認 Wi-Fi 無線網路正常運作後，請按下 `F5` 執行程式，ESP32 將嘗試連接該無線網路，連上後會顯示 IP 位址如下：

```
互動環境 (Shell) ✕
>>> %Run -c $EDITOR_CONTENT

連接中...
已連接, ip為: 192.168.100.16
```

在裝置上開啟瀏覽器，並在網址列輸入 **http://+ IP 位址**後，瀏覽器會開啟網頁。測謊的操作方法如同 LAB02 一樣，受測者手持感測器，此時說謊數值會以指針的方式呈現在網頁上，當指針指向**謊話**時，代表受測者有可能在說謊。

⚠ ESP32 若是使用連線至既有的無線網路基地台，請確認瀏覽器裝置 (手機或筆電) 也有連上該無線網路。

⚠ 請注意！由於本套件的重點在於生理訊號及 AI, 因此網頁的部分就不多做說明, 有興趣的讀者可以自行參考網頁資料中的 HTML。

3-6 探討 - 測謊器真的準嗎？

你很有可能會發現，有時候明明受測者在說謊，測謊器卻一點反應都沒有，這主要是因為以下兩種原因：

1. 真正的測謊儀器除了膚電感應外，還參考了受測者的呼吸、血壓、心跳等生理訊號以提升準確性，本實驗僅使用膚電反應，為簡易版本，因此準度一定不如真正的測謊儀器。

2. 事實上，測謊器所偵測到的是受測者的緊張程度，因此當受測者說的謊話不足以產生緊張感，那麼測謊器就不會有反應，反之，若是受測者是易緊張體質，有可能說實話也會顯示在說謊。

因為以上原因，過去就曾經出現專業測謊器失準而造成的冤案事件，因此目前大多國家的法律都不採用測謊器的結果作為證據，雖然此實驗的準度不是百分之一百，不過倒是可以讓你與朋友之間互相比較，看看誰才是真正的說謊高手。

04

血氧偵測站—血氧濃度 (SpO2)

你知道人體的血液占體重的 13 分之 1 嗎？血液在人體中扮演著相當重要的角色，它不僅是重要的運輸工具，更是抵禦外敵的英雄，它將氧氣運輸到身體各部位，讓每個細胞可以使用，血液中有足夠的氧氣，細胞才得以正常工作，這一章我們就來製作一個可以量測血液中氧氣含量的裝置。

4-1　什麼是血氧濃度

大家都知道人類是靠氧氣生存的動物，氧氣從肺部吸入後，就會進入我們的血液中，然後再由血液運送至全身上下，因此血液中有足夠的氧氣量我們才有健康的身體，血氧濃度顧名思義就是氧氣占血液中的比例，表示這個數值的方法有：**血氧含量**、**血氧容量**及**血氧飽和度**。血液中充滿了血紅素，為了運輸氧氣，它會與氧氣結合形成**氧合血紅素**，與之相反地，不含氧的血紅素則可以稱為**缺氧血紅素**，而血氧飽和度就是計算氧合血紅素占總血紅素（不論有沒有含氧）容量的百分比，其中血氧飽和度又分為以下兩種：

1. SaO2：直接抽取動脈血管中的血液進行分析，正常值是 97%~100%，數值正常的話代表肺部的氧氣交換功能是正常的。

2. SpO2：利用儀器以非侵入的方式取得周邊血管內的血氧飽和度，正常值需大於 94%，數值正常不僅代表肺部交換氧氣功能沒問題，也表示心臟有正常能力得以將含氧血運輸到周邊組織。

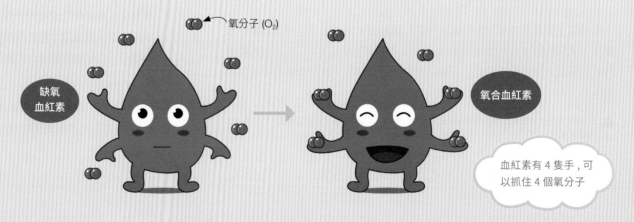

氧分子 (O_2)

缺氧血紅素

氧合血紅素

血紅素有 4 隻手，可以抓住 4 個氧分子

32

4-2 如何量測 SpO2

SpO2 的量測通常是使用非侵入式且連續量測的方法，原理是利用缺氧血紅素與氧合血紅素對不同的光線顏色（波長）有不同的吸收率和反射率來達成的。

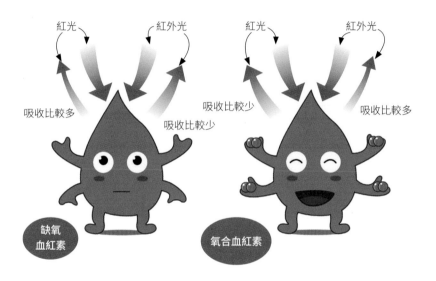

缺氧血紅素比氧合血紅素更偏好吸收紅光，而氧合血紅素則是更喜歡吸收紅外光，因此只要同時對血液發出兩種光，再利用感光器接收被兩種血紅素吸收後，剩餘的反射光，就能利用公式計算出血氧飽和度。SpO2 有兩種量測方式，一種是**穿透式量測法**，通常會用夾子狀的東西夾住手指，上方為紅光與紅外光發射器，下方為感光器，常用於醫院中；另一種是**反射式量測法**，發射器與感光器都放在同一側，直接將皮膚接觸量測裝置即可，常用於一般的健康手環、手錶。

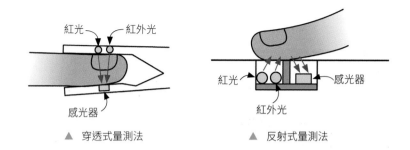

▲ 穿透式量測法   ▲ 反射式量測法

本套件使用的是**反射式量測法**，利用的感測模組是 MAX30102，其含有紅光及紅外光 LED，光線波長分別為 660nm 及 880nm。

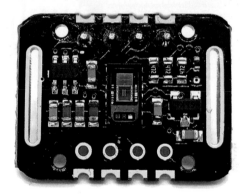

LAB04	血氧濃度計
實驗目的	利用 MAX30102，量測手指反射的紅光值與紅外光值，並計算和顯示出血氧飽和度。
材　　料	• ESP32 • MAX30102 感測器 • 麵包板 • 杜邦線若干

■ 接線圖

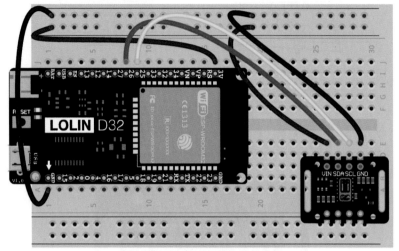

fritzing

ESP32	MAX30102
3V	VIN
GND	GND
25	SCL
26	SDA

■ 設計原理

　　MAX30102 感測器需要透過 I2C 的通訊協定與 ESP32 開發板溝通。I2C(Inter-Integrated Circuit, 積體電路匯流排, 發音『I-squared-C』) 是一種控制周邊電子元件的通訊協定, 只需要通過串列時脈線 (SCL) 與串列資料線 (SDA) 兩條線即可控制多個外部裝置, 減少接線的複雜度。

■ 程式設計

　　請先上傳 " 模組 " 資料夾中的 **max30102.py 模組函式庫**、**pulse_oximeter.py 血氧計算函式庫**、**circular_buffer.py 血氧運算工具**到 ESP32 上。

```
LAB04.py

1    from machine import SoftI2C, Pin
2    from max30102 import MAX30102
3    from pulse_oximeter import Pulse_oximeter
4
5
6    my_SCL_pin = 25          # I2C SCL 腳位
7    my_SDA_pin = 26          # I2C SDA 腳位
8
09   i2c = SoftI2C(sda=Pin(my_SDA_pin),
10              scl=Pin(my_SCL_pin))
11
12   sensor = MAX30102(i2c=i2c)
13   sensor.setup_sensor()
14
15   pox = Pulse_oximeter(sensor) # 使用血氧濃度計算類別
16
17   while (True):
18       pox.update()
19
20       spo2 = pox.get_spo2()
21
22       if spo2 > 0:
23           print("SpO2:", spo2, "%")
```

● 第 9~10 行 : 設定 I2C 腳位。

● 測試程式

在執行程式前，先將食指指腹 (指甲中端下方) **輕放**在紅光 LED 上，接著按 F5 執行程式，等待 15 秒後數值就會顯現 (盡量不讓手指晃動，否則會影響感測)，最後 **Pulse_oximeter** 中的演算法會嘗試計算血氧值，若成功算出血氧值便會顯示非 0 數值。

測試過程線上看

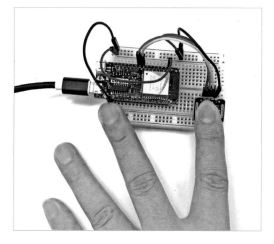

⚠ 使用者可以嘗試吐氣後接著憋氣，並觀察血氧濃度的變化，閉氣一段時間後可以發現數值大約下降了 3~5% 左右。

互動環境 (Shell) ×
SpO2: 98.87012 %
SpO2: 98.92731 %
SpO2: 98.91448 %
SpO2: 99.14275 %
SpO2: 99.16779 %
SpO2: 98.86476 %
SpO2: 98.98915 %
SpO2: 98.75441 %
SpO2: 98.71167 %
SpO2: 98.60564 %
SpO2: 98.68569 %
SpO2: 98.39725 %

接著，我們加入網頁，讓血氧濃度計也有顯示介面。

LAB05　無線介面血氧濃度計

實驗目的	利用 MAX30102，量測手指反射的紅光值與紅外光值，並計算血氧飽和度，再透過網頁呈現出當前的數值。
材　料	同 LAB04

● 接線圖

同 LAB04

● 設計原理

以下為此實驗搭配的網頁：

網頁會接收 ESP32 傳過來的數值，並顯示在這

■ 程式設計

請先確認有上傳 " 模組 " 資料夾中的 **ESPWebServer.py** 網路伺服器模組、**max30102.py** 模組函式庫、**pulse_oximeter.py** 血氧計算函式庫、**circular_buffer.py** 血氧運算工具，以及 "CH04 / 上傳資料 " 資料夾中的 **index.html** 血氧濃度計專用網頁到 ESP32 上。

```
LAB05.py

1    # 匯入 utime 模組用以計時
2    from utime import ticks_ms, ticks_diff
3    from machine import SoftI2C, Pin
4    import network, ESPWebServer
5    from max30102 import MAX30102
6    from pulse_oximeter import Pulse_oximeter
7
8
9    my_SCL_pin = 25          # I2C SCL 腳位
10   my_SDA_pin = 26          # I2C SDA 腳位
11
12   i2c = SoftI2C(sda=Pin(my_SDA_pin),
13                 scl=Pin(my_SCL_pin))
14
15   sensor = MAX30102(i2c=i2c)
16   sensor.setup_sensor()
17
18   pox = Pulse_oximeter(sensor) # 使用血氧濃度計算類別
19
20   spo2 = 0
21
22   def SendSpo2(socket, args):  # 處理 /handleCmd 指令的函式
23       ESPWebServer.ok(socket, "200", str(spo2))
24
25   print("連接中...")
26   sta = network.WLAN(network.STA_IF)
27   sta.active(True)
28   sta.connect("無線網路名稱", "無線網路密碼")
29
```

```
30   while not sta.isconnected():
31       pass
32
33   print("已連接, ip為:", sta.ifconfig()[0])
34
35   ESPWebServer.begin(80)                      # 啟用網站
36   ESPWebServer.onPath("/measure", SendSpo2)
37
38   time_mark = ticks_ms()
39   while True:
40       ESPWebServer.handleClient()
41
42       pox.update()
43
44       spo2_tmp = pox.get_spo2()
45       spo2_tmp = round(spo2_tmp, 1)
46
47       if spo2_tmp > 0:
48           time_mark = ticks_ms()
49           spo2 = spo2_tmp
50           print("SpO2:", spo2, "%")
51
52       if ticks_diff(ticks_ms(), time_mark) > 5000:
53           spo2 = 0
```

● 第 28 行：填入自己的無線網路名稱與密碼

■ 測試程式

請確認 Wi-Fi 無線網路正常運作後，按下 F5 執行程式，操作方式同 LAB03 (P31), ESP32 控制板連上無線網路後，會在**互動環境 (Shell) 窗格**顯示 IP 位址。

在裝置上開啟瀏覽器，並在網址列輸入 **http://**+ **IP 位址**後，瀏覽器會開啟網頁，按下網頁上的 ▶ 鈕，並將食指**水平**的放於 MAX30102 感測器的紅光和感光器上，接著網頁就會顯示當前所量測到的血氧濃度值。

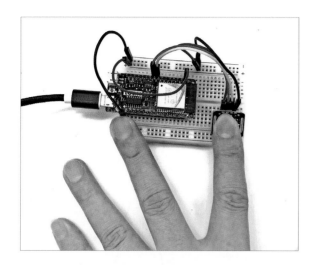

網頁的量測畫面

這裡也會隨著數
值高低而改變

CHAPTER

脈搏計─PPG 訊號

心臟收縮時會將血液打入血管,而富含彈性的血管也會跟著一起搏動,因此就能透過血管中變化的血液量或波動來計算出心率。這一章就讓我們用 PPG 訊號來把脈吧!

5-1 如何量測脈搏

我們在前一章時,利用了 MAX30102 感測器來量測血氧濃度,其實它的能耐可不僅如此,要量測脈搏訊號也難不倒它。先前有說過,MAX30102 會對血液發射紅光及紅外光,並由感光器接收血液吸收後剩餘的光,由於血管中的血液量因為心臟的搏動而有變化,因此感光器紀錄的訊號也會隨之波動,這樣的訊號我們就稱之為**光體積變化描記圖法 (Photoplethysmography, 簡稱 PPG)**。

5-2 認識 PPG

PPG 的量測是一種非侵入式、容易操作,且無耗材的方式,被廣泛的使用在醫院及健康手錶,它能夠取得動脈及血流量的資訊,藉此換算出心率、動脈硬化程度等訊息,如圖為正常的 PPG 波形圖:

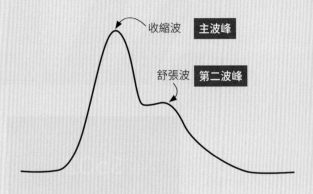

正常 PPG 中可以看到有一個主波峰及第二波峰,其中收縮波是心臟迅速收縮,讓血管充滿血液所造成的;而舒張波是血液循環回心臟時,撞擊到心臟瓣膜,導致血液的回彈所產生的。

了解了 PPG 訊號後,以下的實驗我們將繪製 PPG 波形圖並利用一些技巧來計算脈搏速率。

LAB06　繪製 PPG 訊號

實驗目的	利用 MAX30102 量測 PPG 訊號，並繪製波形圖。
材　　料	<ul><li>ESP32</li><li>MAX30102 感測器</li><li>麵包板</li><li>杜邦線若干</li></ul>

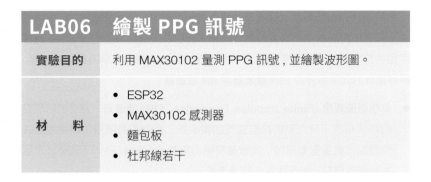

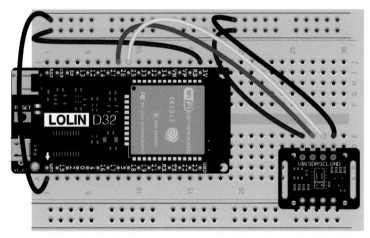

fritzing

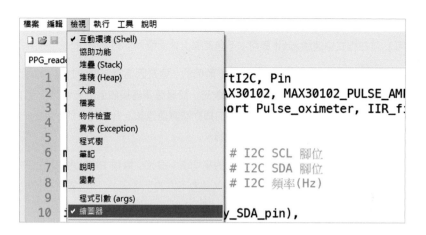

```
1  from machine import SoftI2C, Pin
2  from max30102 import MAX30102, MAX30102_PULSE_AMP_MEDIUM
3  from pulse_oximeter import Pulse_oximeter, IIR_filter
4
5
6  my_SCL_pin = 25        # I2C SCL 腳位
7  my_SDA_pin = 26        # I2C SDA 腳位
8  my_i2c_freq = 400000   # I2C 頻率(Hz)
9
10 i2c = SoftI2C(sda=Pin(my_SDA_pin),
11             scl=Pin(my_SCL_pin),
12             freq=my_i2c_freq)
```

勾選後會多出此繪圖區

■ 設計原理

　　要使用 Thonny 繪製訊號波形圖，只要按上方工具列的**檢視 / 繪圖器**，接著下方便會出現繪圖視窗，如果程式中有連續 print 數值的話，此繪圖視窗便會將一連串數值繪製出來。

因此我們只要取得血氧濃度模組感測到的原始光訊號 (紅光、紅外光皆可), 並在程式中連續 print 即可, 不過實際上會面臨以下兩個問題：

1. 原始光訊號與常見的 PPG 是上下顛倒的, 這是因為當脈搏搏動時, 血管中的血流量會增加, 而血液會吸收光, 於是感測器接收到的光便減少了, 導致數值下降, 這和我們直覺中的搏動時數值應該上升是相反的, 因此一般會將此訊號進行翻轉以方便觀看。

2. 原始光訊號中的直流成份 (訊號的平均值) 很大, 導致 PPG 占總訊號的比例很小, 因此不容易觀看 (可以參考下方的示意圖)。所以要將直流成份去除, PPG 訊號才會突顯出來。

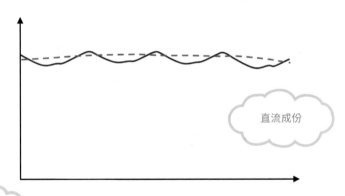

軟體
補給站　　**什麼是直流成份？**

在資訊領域中, 所謂的訊號指的是一段時間內的連續數值, 一般而言有意義的訊號會隨著時間變化, 換句話說, 訊號中不會隨時間變化的部分, 通常是我們不需要的, 而這就稱為 " 直流成份 ", 若訊號中有過多的直流成份會導致訊號不易判讀, 因為不變的成份佔了總訊號的比例過多, 所以不好看出變化的部分, 例如有個訊號的振幅為 10 單位, 但其直流成份為 10000 單位, 那麼你在檢視此訊號時, 可能根本看不出它有任何波動。

要解決上述兩個問題, 只需要一個工具即可解決, 那就是**濾波器**, 所謂的濾波器是指將訊號中不需要的部分抑制、去除, 或增強需要的部分, 在訊號處理中是相當常見且重要的工具, 使用程式設計的濾波器稱為**數位濾波器**, 根據設計方式又可分為 **FIR 濾波器**與 **IIR 濾波器**：

● **有限脈衝響應 (Finite Impulse Response, FIR) 濾波器**：將過去時間點的訊號和當下時間點的訊號進行加權平均, 其中的**有限**指的是參考過去時間點的數量是有限的, 此數量又稱為**階數 (order)**, 例如下圖參考了過去兩個時間點, 則可稱為 2 階濾波器。

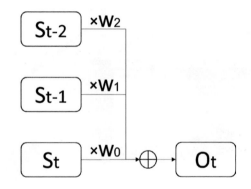

上圖中, S 代表原始訊號, w 是權重, 不同時間點 t 的訊號乘上各自的權重後再加總, 便是輸出訊號 O。

● **無限脈衝響應 (Infinite Impulse Response, IIR) 濾波器**：也是將過去時間點的訊號和當下時間點的訊號進行加權平均, 但不同於 FIR 中過去訊號是採用原始訊號, 而是每個時間點都採用先前處理過 (輸出) 的訊號, 如此一來過去的訊號會一直影響到未來的訊號, 所以稱為無限脈衝濾波器。

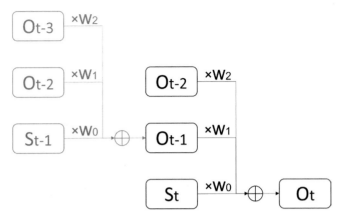

從上圖中可以看出，過去時間點的訊號為前幾次的輸出。

以上兩種濾波器的原理皆是藉由參考多個時間點的訊號，以平均掉不需要的雜訊，這兩者各有其優缺點，FIR 相比 IIR 更為穩定且更易於設計要過濾的訊號範圍 (頻率)，但往往需要更多階數才能達到過濾效果，反之 IIR 只需要相當少的階數便有很好的濾波效果，但因為其設計會讓過去的訊號始終佔有一席之地，導致較不穩定 (一旦出現較大的雜訊便需要很長的時間才會被均衡掉)。實際上會根據不同使用情境來選擇適當的濾波器，此實驗中我們要用濾波器來找出訊號的直流成份，較適合使用 IIR，因為僅需一階的濾波器即可達成。

在 **pulse_oximeter.py 血氧計算函式庫**中已經有現成的 IIR 類別，使用時僅需要設定前一個時間點的權重即可，之後只要呼叫 step() 方法就能得到濾波後的訊號，一階的 IIR 也可以簡化為以下的示意圖：

$$\times(1-w)$$

$$S \xrightarrow{\times w} \oplus \rightarrow O$$

要取得訊號的直流成份，可以先取得所有過去的訊號再將其平均起來即可，然而這是不切實際的，因為過去的訊號會隨著時間越來越大量，並在最終超過系統能儲存的空間，且會帶來大量的運算負擔。另外一種方法是使用設定過去權重很高的 IIR，其本質為含有大量過去平均訊號的提取器，也就相當近似於直流成份提取器，過去權重可以設定為一個接近 1 但不完全為 1 的數值，本實驗中使用 **0.99**。以下為建立 IIR 物件的方法：

```python
from pox_oximeter import IIR_filter

dc_extractor = IIR_filter(0.99)
```

使用時呼叫 step 方法並傳入原始訊號，就能得到濾波後的直流成份訊號了：

```python
dc_signal = dc_extractor(raw_signal)     # 原始訊號直流成份訊號
```

取得直流成份後，我們只要將略高於這個直流成份的值減去原始訊號，就能得到上下相反且去除直流成份的 PPG 了。若將此 PPG 放大，便易於觀察，效果可以參考下方的示意圖：

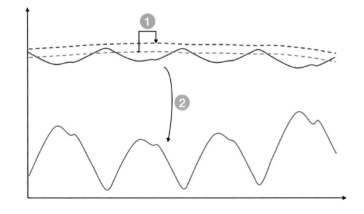

了解訊號處理的方式後，就能進入程式設計的階段了。

■ 程式設計

請先上傳 " 模組 " 資料夾中的 **max30102.py** 模組函式庫、**pulse_oximeter.py** 血氧計算函式庫，並確認有勾選上方工具列的 **檢視 / 繪圖器**。

```
LAB06.py
1    from machine import SoftI2C, Pin
2    from max30102 import MAX30102
3    from pulse_oximeter import Pulse_oximeter, IIR_filter
4
5
6    my_SCL_pin = 25          # I2C SCL 腳位
7    my_SDA_pin = 26          # I2C SDA 腳位
8
9    i2c = SoftI2C(sda=Pin(my_SDA_pin),
10                 scl=Pin(my_SCL_pin))
11
12   sensor = MAX30102(i2c=i2c)
13   sensor.setup_sensor()
14
15   pox = Pulse_oximeter(sensor)
16
17   dc_extractor = IIR_filter(0.99) # 用於提取直流成份
18
19   while (True):
20       pox.update()                # 更新血氧模組
21
22       if pox.available():
23           red_val = pox.get_raw_red()
24
25           red_dc = dc_extractor.step(red_val)
26           ppg = int(red_dc*1.01 - red_val)
27
28           print(ppg)
```

- 第 22~23 行 : 若血氧模組成功更新數值，使用 get_raw_red() 方法取得紅光感測器的原始訊號

- 第 26 行 : 將直流成份乘以 1.01，得到略高的值再減去原始值，以得到上下顛倒且去除直流成份的訊號

■ 測試程式

請按下 F5 執行程式，將要量測的手掌攤平，以食指**水平**的放於 MAX30102 感測器的紅光和感光器上，等待 3~5 秒的時間讓濾波器穩定的取得直流成份後，以滑鼠左鍵按一下繪圖區，便能看到如同下方的 PPG 波形圖：

⚠ 以滑鼠左鍵按繪圖區，可以讓繪圖區更新要顯示的訊號範圍，以便更好的觀察訊號的波動。

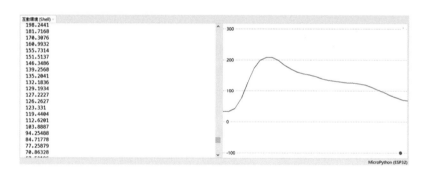

5-3 心率的計算

心率就是心臟跳動的速率，通常是指心臟一分鐘跳了幾下，單位是**次 / 分**。用 PPG 量測心率，只要記錄兩個波的時間區間 (週期) 即可，我們可以設定一個數值當作閾值，只要超過這個閾值就開始記錄時間，再度超過閾值時就取得時間區間，如此來換算出心率：

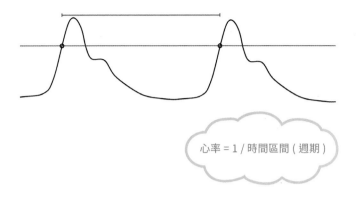

心率 = 1 / 時間區間 (週期)

　　然而實際操作時會發生很多問題，由於不同人和不同環境測量到的 PPG 會有不同的基準點，而身體或環境引起的波動也可能造成影響，導致閾值無法正常抓到時間區間：

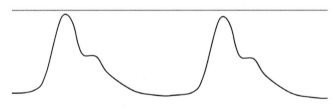

PPG 基準點比較低，導致無法超越閾值

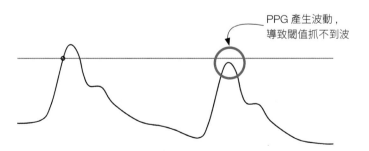

PPG 產生波動，導致閾值抓不到波

　　為了處理上述的問題，我們可以使用**動態閾值**，讓閾值可以跟在 PPG 附近。動態閾值一樣可以使用濾波器來達成：

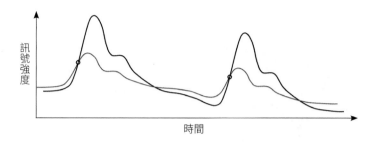

　　經過濾波器的訊號，由於包含比較多過去的資料，訊號幅度會比較小，且時間軸比較落後，因此會如同上圖中的紅線，與原始訊號產生分離，如此一來就能作為一個很好的動態閾值。

　　以下我們就利用這個方法來實作一個心率機，並利用網頁當作 PPG 和心率機的介面。

LAB07	脈搏心率機
實驗目的	利用 MAX30102 量測 PPG 訊號，並計算心率，再透過網頁當介面，打造一台會呈現 PPG 波形圖的心率機。
材　料	• ESP32 • MAX30102 感測器 • 麵包板 • 杜邦線若干

■ 接線圖

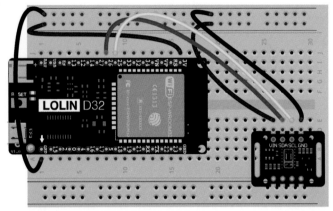

fritzing

■ 設計原理

旗標

使用兩個濾波器，一個權重為 0.99 用於提取直流成份，以處理 PPG 訊號，一個權重為 0.9 作為動態閾值。偵測波動時，我們要使用一個程式概念，稱為**旗標**，由於波形超過閾值時會經過一段時間才降回閾值以下，為了避免這段期間內不斷重複偵測，我們必須利用假想的旗標幫助我們紀錄當前的狀態，以下為示意圖：

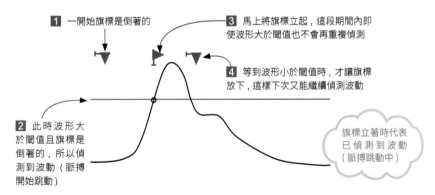

1 一開始旗標是倒著的

3 馬上將旗標立起，這段期間內即使波形大於閾值也不會再重複偵測

4 等到波形小於閾值時，才讓旗標放下，這樣下次又能繼續偵測波動

2 此時波形大於閾值且旗標是倒著的，所以以偵測到波動（脈搏開始跳動）

旗標立著時代表已偵測到波動（脈搏跳動中）

在程式中我們用**真 (True)** 代表旗標是立著的，用**假 (False)** 代表旗標是放下的，用這個概念設計程式並記錄時間區間。

心率算式

為了取得準確的心率，計算方式是先計數心跳一定次數後才進行運算，此實驗中我們選用 3 次，算式如下：

● 1 先將程式中的單位由毫秒轉為秒：

3次心跳時間區間（秒）= 3次心跳時間區間（毫秒）/ 1000

● 2 再用此公式求出心率

心率（次/分）=3(次)/ 3 次心跳時間區間（秒）/ 60(秒)

接著以內建 LED 顯示心跳狀態，並將 PPG 訊號及心率傳送至網頁，以下為網頁的畫面：

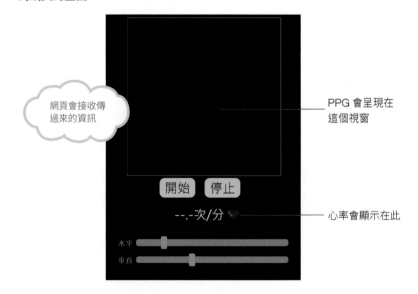

網頁會接收傳過來的資訊

PPG 會呈現在這個視窗

心率會顯示在此

多執行緒

以上的 PPG 訊號處理及心率計算，可能會影響網頁的處理，因此我們要使用到多執行緒，其功用為：讓多段程式以輪流執行一小段時間的方式達到近似同時進行的效果。平常我們執行的程式就是一個執行緒 (後面統稱主執行緒)，主執行緒同時執行兩個任務時，一定要等待其中一個任務完成才能執行下一個。但只要增加一個執行緒 (後面統稱子執行緒)，就可以讓兩個任務同時執行。一起看看下面的例子：

MicroPython 已經內建多執行緒的模組 **_thread**，直接使用即可：

```
import _thread
import time

def testThread():      # 子執行緒要執行的函式
    while True:
        print("Hello from thread")
        time.sleep(1)

_thread.start_new_thread(testThread, ())      # 啟動子執行緒

while True:      # 主執行緒
    print('Good')
    time.sleep(2)
```

互動環境 (Shell)

```
>>>
 Good
 Hello from thread
 Hello from thread
 Good
 Hello from thread
```

子執行緒要執行的程式需要寫成函式，再藉由 **_thread.start_new_thread()** 來啟動。**_thread.start_new_thread** 中有 2 個參數，第一個是要執行的函式、第二個是要傳入該函式的參數，若不需參數，只要給一個空的元組 (Tuple) 即可。上面的範例會在主執行行與子執行緒 (顯示『Hello from thread』) 間不斷切換輪流執行，而不會相互延遲過久。所以只要將 **ESPWebServer.handleClient()** 放到子執行緒中，就可以在執行心率計算程式時也同步執行網頁處理：

```
def web_thread():
    while True:
        ESPWebServer.handleClient()

_thread.start_new_thread(web_thread, ())
```

■ 程式設計

請先確認有上傳 " 模組 " 資料夾中的 **ESPWebServer.py** 網路伺服器模組、**max30102.py** 模組函式庫、**pulse_oximeter.py** 血氧計算函式庫，以及 "CH05 / 上傳資料 " 資料夾中的 **index.html** 脈搏心率機專用網頁到 ESP32 上。

```
LAB07.py
1    import _thread
2    from utime import ticks_ms, ticks_diff
3    from machine import SoftI2C, Pin
4    import network, ESPWebServer
5    from max30102 import MAX30102
6    from pulse_oximeter import Pulse_oximeter, IIR_filter
7
8
9    led = Pin(5, Pin.OUT)
10   led.value(1)
11
12   my_SCL_pin = 25          # I2C SCL 腳位
```

```
13    my_SDA_pin = 26              # I2C SDA 腳位
14
15    i2c = SoftI2C(sda=Pin(my_SDA_pin),
16                  scl=Pin(my_SCL_pin))
17
18    sensor = MAX30102(i2c=i2c)
19    sensor.setup_sensor()
20
21    pox = Pulse_oximeter(sensor)
22
23    dc_extractor = IIR_filter(0.99)    # 用於提取直流成分
24    thresh_generator = IIR_filter(0.9) # 用於產生動態閾值
25
26    is_beating = False           # 紀錄是否正在跳動的旗標
27    beat_time_mark = ticks_ms()  # 紀錄心跳時間點
28    heart_rate = 0
29    num_beats = 0                # 紀錄心跳次數
30    target_n_beats = 3           # 設定要幾次心跳才更新一次心率
31    tot_intval = 0               # 紀錄心跳時間區間
32    ppg = 0
33
34    def cal_heart_rate(intval, target_n_beats=3):
35        intval /= 1000
36        heart_rate = target_n_beats/(intval/60)
37        heart_rate = round(heart_rate, 1)
38        return heart_rate
39
40    def SendHrRate(socket, args):  # 處理 /hr 指令的函式
41        ESPWebServer.ok(socket, "200", str(heart_rate))
42
43    def SendEcg(socket, args):     # 處理 /line 指令的函式
44        ESPWebServer.ok(socket, "200", str(ppg))
45
46    def web_thread():     # 處理網頁的子執行緒函式
47        while True:
48            ESPWebServer.handleClient()
49
50    print("連接中...")
```

```
51    sta = network.WLAN(network.STA_IF)
52    sta.active(True)
53    sta.connect("無線網路名稱", "無線網路密碼")
54
55    while not sta.isconnected():
56        pass
57    print("已連接，ip為:", sta.ifconfig()[0])
58
59    ESPWebServer.begin(80)                    # 啟用網站
60    ESPWebServer.onPath("/hr", SendHrRate)# 指定處理指令的函式
61    ESPWebServer.onPath("/line", SendEcg) # 指定處理指令的函式
62
63    _thread.start_new_thread(web_thread, ())   # 啟動子執行緒
64
65    while True:          # 主執行緒
66        pox.update()     # 更新血氧模組
67
68        if pox.available():
69            red_val = pox.get_raw_red()
70            red_dc = dc_extractor.step(red_val)
71            ppg = max(int(red_dc*1.01 - red_val), 0)
72            thresh = thresh_generator.step(ppg)
73
74            if ppg > (thresh + 20) and not is_beating:
75                is_beating = True
76                led.value(0)
77
78                intval = ticks_diff(ticks_ms(), beat_time_mark)
79                if 2000 > intval > 270:
80                    tot_intval += intval
81                    num_beats += 1
82                    if num_beats == target_n_beats:
83                        heart_rate = cal_heart_rate(
84                            tot_intval, target_n_beats)
85                        print(heart_rate)
86                        tot_intval = 0
87                        num_beats = 0
88            else:
```

```
89                 tot_intval = 0
90                 num_beats = 0
91             beat_time_mark = ticks_ms()
92         elif ppg < thresh:
93             is_beating = False
94             led.value(1)
```

- 第 34~38 行：計算心率的函式

- 第 53 行：填入自己的無線網路名稱與密碼

- 第 71 行：使用 max(signal, 0) 語法會讓小於 0 的 signal 數值都等於 0

- 第 74~76 行：當 PPG 訊號略大於動態閾值且旗標為放下時，立起旗標並讓 LED 發亮

- 第 78~79 行：計算時間區間並限制時間區間為 2000 毫秒到 270 毫秒，對應的心率大約是 30 次 / 分 ~ 220 次 / 分，這是已知的人類心率觀測範圍，超過此範圍通常為不合理值

- 第 82~87 行：心跳次數達到設定的 3 下後，計算心率

- 第 92~94 行：PPG 訊號小於動態閾值，放下旗標並關掉 LED

■ 測試程式

請確認 Wi-Fi 無線網路正常運作後，按下 F5 執行程式，ESP32 控制板連上無線網路，會在**互動環境 (Shell) 窗格**顯示 IP 位址。

將要量測的手掌攤平，以食指**水平**的放於 MAX30102 感測器的紅光和感光器上，等待 3~5 秒的時間讓濾波器穩定的取得直流成份後，觀察 LED 是否有隨著心跳閃爍，另外互動環境也會如右顯示心率：

在裝置上開啟瀏覽器，並在網址列輸入 **http://+ IP 位址**後，瀏覽器會開啟網頁，按下網頁中的**開始**鈕，此時就會看到 PPG 波形呈現在視窗上。

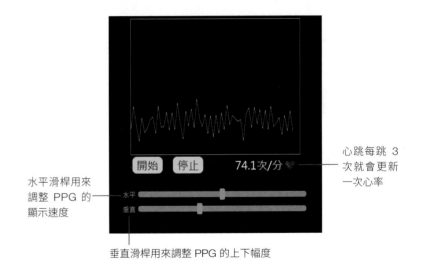

心跳每跳 3 次就會更新一次心率

水平滑桿用來調整 PPG 的顯示速度

垂直滑桿用來調整 PPG 的上下幅度

CHAPTER

與心來電—心電訊號（ECG）

心臟可以說是人體的核心，它全年無休的工作著，負責將血液推動至全身上下，一旦它沒了跳動，我們就無法活下去。從電影和電視劇中我們時常可以看到病房中會有一台機器，記錄著病人的心跳，那台機器的螢幕會呈現某種波形，當波形成一條線，醫生就會馬上趕過來急救，而那個波形就是心電圖，這一章就讓我們來了解心電圖的原理，並實作一台簡易的心電圖機吧！

6-1　認識心電圖

心臟會跳動是因為心肌受到動作電位而產生收縮，而動作電位會散布到全身的皮膚引發一連串微小的電學變化，我們可以藉由電極貼片和儀器來捕捉並放大這些訊號，取得的訊號依時間呈現出波形圖就是**心電圖 (Electrocardiography, 簡稱 ECG)**，通常一個心電圖週期會長的像下圖所示：

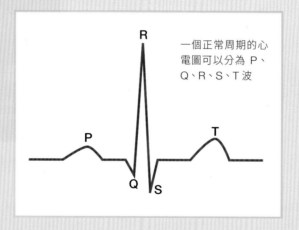

一個正常周期的心電圖可以分為 P、Q、R、S、T 波

心電圖之所以會有由這麼多種波所組成，是因為心臟有分為心房和心室，它們的收縮是不同步的，各種訊號的疊加結果就是我們看到的心電圖，而一個周期就代表心臟跳動一次，醫生可以透過一連串的心電圖來診斷你是否有心臟方面的疾病。

右心房　　左心房
右心室　　左心室

6-2 如何量測心電圖

　　量測心電圖時，必須以電極貼片貼於皮膚表面，透過兩個以上的電極貼片來取得不同點的電位差。黏貼的位置可以有很多種，根據不同的黏貼位置所看到的心電波形圖也會略有差異，由不同位置所記錄不同的電位波形就稱為**導程**。導程主要分為**胸導程**和**肢體導程**，通常在醫院中為了取得更準確的訊號，會使用較靠近心臟的胸導程；而本實驗為了操作方便，使用的是肢體導程。這個量測方法是由艾因托芬所創，電極記錄點為左手、右手及左腳三點，由於這三點離心臟相當於等距，只要量測其中兩點的電位差，並以另一點當作參考電位就能取得心電圖。後人將這三點命名為**艾因托芬三角**。

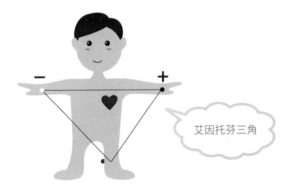

艾因托芬三角

　　以下的實驗會使用肢體導程中的**導程 I**：以左手為正極、右手為負極，量測兩點的電位差，並以左腳作為參考電位。使用的感測器為 AD8232，內建有類比濾波器和放大器，可以捕捉皮膚上微小的 ECG 訊號並加以放大：

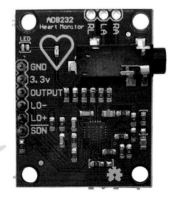

AD8232 ECG 感測器

LAB08	繪製 ECG 訊號
實驗目的	利用 AD8232 量測 ECG 訊號，並繪製波形圖。
材　　料	• ESP32 • AD8232 感測器 • 麵包板 • 杜邦線若干

■ 接線圖

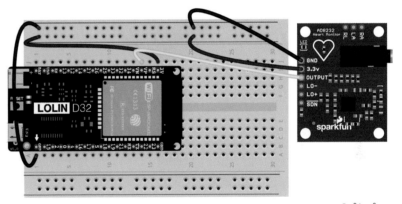

fritzing

ESP32	AD8232
3V	3.3V
GND	GND
VP	OUTPUT

設計原理

使用 AD8232 時要將導程線的 TRS 端子連接上去，並將導程線的電極鈕扣接上電極貼片。

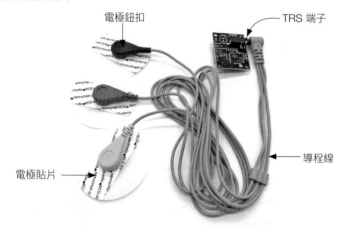

電極鈕扣　　　　　　　　　TRS 端子

電極貼片　　　　　　　　　導程線

電極貼片的黏貼位置請參考下方的表格：

黏貼位置	電極鈕扣顏色
左手	黃色
右手	紅色
左腳	綠色

如果偵測不易，可以將綠色電擊鈕扣貼在靠近腳踝處。

▼ 實際參考照片

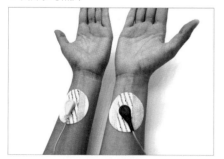

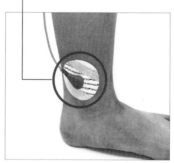

⚠ 請注意！本產品中的電極貼片為消耗品，當黏性不足以致無法使用時，將會影響 ECG 的偵測，此時可以自行去醫療器材行購買。

AD8232 感測器的輸出為類比訊號，所以會如同 LAB02 在程式中使用 **ADC 類別**來讀取 ECG 訊號。另外，ECG 是一個高採樣率需求的訊號 (需要短時間，高密集的訊號)，這樣才能完整呈現 ECG 的樣貌，不過使用 ESP32 搭配 MicroPython，如果處理訊號的次數太過密集，會因為工作量太大而導致卡頓，因此我們採用折衷方案，限制每次處理訊號的最小間隔為 50 毫秒，並在此間隔中取出最大值作為訊號代表，以保證 ECG 維持一定的樣貌 (盡可能保留波峰)。

程式設計

請先確認有勾選上方工具列的**檢視 / 繪圖器**。

```
LAB08.py

1    from utime import ticks_ms, ticks_diff
2    from machine import Pin, ADC
3
4
5    adc_pin = Pin(36)            # 36是ESP32的VP腳位
6    adc = ADC(adc_pin)          # 設定36為輸入腳位
7    adc.width(ADC.WIDTH_10BIT)  # 設定分辨率位元數(解析度)
8    adc.atten(ADC.ATTN_11DB)    # 設定最大電壓
9
10   max_val = 0     # 用來紀錄最大值
11   time_mark = ticks_ms()      # 取得當前時間
12
13   while True:
14       raw_val = adc.read()
15       if raw_val > max_val:
16           max_val = raw_val
17
18       if ticks_diff(ticks_ms(), time_mark) > 50:
19           ecg = max_val
20           print(ecg)
21
22           max_val = 0
23           time_mark = ticks_ms()      # 重置計時器
24
```

- 第 14~16 行：取得訊號並不斷更新最大值。

- 第 18~20 行：當時間區間大於 50 毫秒，將間隔內的最大值作為訊號代表並 print 出。

■ 測試程式

請確認電極貼片有黏貼在正確的位置後，按下 [F5] 執行程式，觀察 Thonny 的繪圖區，便可以看到如同下方的波形圖。

⚠ 請注意！如果您看到的 ECG 波形比上面雜亂很多，代表附近有電源干擾，請先移除不必要的電源，例如使用筆電做實驗的話，先暫時不要接變壓器。

干擾嚴重無法觀察到波形

6-3 蜂鳴器

為了模擬 ECG 監視器會隨著心跳的搏動發出聲響，後續的實驗會加入蜂鳴器以發出 " 嗶嗶聲 "。蜂鳴器分為有源及無源 2 種，有源蜂鳴器內建驅動電路，只要供電即可發出聲音，但只能發出單一頻率的音調；無源蜂鳴器則是需要自行驅動發聲，但可以改變高低音頻。由於後面的實驗只需要發出固定的警示音，本套件提供的為**有源蜂鳴器**：

蜂鳴器上面的貼紙是生產過程的輔助品，請將其撕掉，聲音會比較大

長腳請接正極

短腳請接負極

ECG 和前一章的 PPG 一樣能用於計算心率，因此我們接著替 ECG 加入網頁介面並計算心率。

LAB09	心電圖心率機	
實驗目的	使用 AD8232 偵測 ECG 訊號，並使用濾波器產生動態閾值，計算出心率，再透過網頁當介面，打造一台心電圖心率機。	
材 料	• ESP32 • AD8232 感測器 • 蜂鳴器	• 麵包板 • 杜邦線若干

■ 接線圖

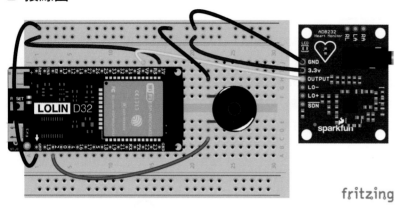

fritzing

⚠ 蜂鳴器請直接插至麵包板，圖示為清楚表示，實際使用不需折彎針腳。

ESP32	AD8232
3V	3.3V
GND	GND
VP	OUTPUT

ESP32	蜂鳴器
2	長腳
GND	短腳

■ 設計原理

基本上此實驗的心率計算方式與 LAB07 完全相同，只是將 PPG 訊號換成 ECG 訊號。

■ 程式設計

請先確認有上傳 " 模組 " 資料夾中的 **pulse_oximeter.py** 心率計算函式庫、**ESPWebServer.py**，以及 "CH06 / 上傳資料 " 資料夾中的 **index.html** 心電圖心率機專用網頁到 ESP32 上。

```
LAB09.py
1    import network, ESPWebServer
2    from machine import Pin, ADC
3    from utime import ticks_ms, ticks_diff
4    import _thread
5    from pulse_oximeter import IIR_filter
6
7
8    buzzer = Pin(2, Pin.OUT)
9
10   adc_pin = Pin(36)              # 36是ESP32的VP腳位
11   adc = ADC(adc_pin)            # 設定36為輸入腳位
12   adc.width(ADC.WIDTH_10BIT)    # 設定解析度位元數
13   adc.atten(ADC.ATTN_11DB)      # 設定最大電壓
14
15   thresh_generator = IIR_filter(0.9) # 用於產生動態閾值
16
17   is_beating = False            # 紀錄是否正在跳動的旗標
18   beat_time_mark = ticks_ms()  # 紀錄心跳時間點
19   heart_rate = 0
20   num_beats = 0                 # 紀錄心跳次數
21   target_n_beats = 3            # 設定要幾次心跳才更新一次心率
22   tot_intval = 0                # 紀錄心跳時間區間
23   max_val = 0
24   ecg = 0
25
26   def cal_heart_rate(intval, target_n_beats=3):
27       intval /= 1000
28       heart_rate = target_n_beats/(intval/60)
29       heart_rate = round(heart_rate, 1)
30       return heart_rate
31
32   def SendHrRate(socket, args):     # 處理 /hr 指令的函式
33       ESPWebServer.ok(socket, "200", str(heart_rate))
34
35   def SendEcg(socket, args):        # 處理 /line 指令的函式
36       ESPWebServer.ok(socket, "200", str(ecg_flip))
37
38   def web_thread():
```

```
39     while True:
40         ESPWebServer.handleClient()
41
42 print("連接中...")
43 sta = network.WLAN(network.STA_IF)
44 sta.active(True)
45 sta.connect("無線網路名稱", "無線網路密碼")
46
47 while not sta.isconnected():
48     pass
49
50 print("已連接, ip為:", sta.ifconfig()[0])
51
52
53 ESPWebServer.begin(80)                    # 啟用網站
54 ESPWebServer.onPath("/hr", SendHrRate)
55 ESPWebServer.onPath("/line", SendEcg)
56
57 _thread.start_new_thread(web_thread, ())
58
59 time_mark = ticks_ms()
60
61 while True:
62     raw_val = adc.read()
63
64     if raw_val > max_val:
65         max_val = raw_val
66
67     if ticks_diff(ticks_ms(), time_mark) > 50:
68         ecg = max_val
69         thresh = thresh_generator.step(ecg)
70
71         if ecg > (thresh + 100) and not is_beating:
72             is_beating = True
73             buzzer.value(1)
74
75             intval = ticks_diff(ticks_ms(), beat_time_mark)
76             if 2000 > intval > 270:
77                 tot_intval += intval
78                 num_beats += 1
79                 if num_beats == target_n_beats:
80                     heart_rate = cal_heart_rate(
81                         tot_intval, target_n_beats)
82                     print(heart_rate)
83                     tot_intval = 0
84                     num_beats = 0
85                 else:
86                     tot_intval = 0
87                     num_beats = 0
88                 beat_time_mark = ticks_ms()
89
90         elif ecg < thresh:
91             is_beating = False
92             buzzer.value(0)
93
94     max_val = 0
95     time_mark = ticks_ms()
```

● 第 45 行：填入自己的無線網路名稱與密碼

■ 測試程式

　　請確認 Wi-Fi 無線網路正常運作，並確認電極貼片有黏貼在正確的位置後，再按下 F5 執行程式，ESP32 控制板連上無線網路，會在**互動環境 (Shell) 窗格**顯示 IP 位址，等待 3~5 秒的時間讓濾波器穩定的取得直流成份後，聆聽蜂鳴器是否有隨著心跳發出嗶聲，另外互動環境也會顯示心率。

　　在裝置上開啟瀏覽器，並在網址列輸入 **http://+ IP 位址**後，瀏覽器會開啟網頁，按下網頁中的**開始**鈕，此時就會看到 ECG 波形呈現在視窗上。

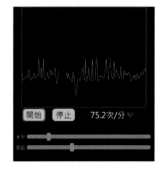

07

呼吸量測計 — RSP 訊號

呼吸是我們每天都在做的事，它不僅能由呼吸中樞神經系統自主控制，也能由我們的大腦控制。它是生命徵象之一，人一旦停止呼吸，在短短幾分鐘內，就會造成大腦缺氧及損傷，因此這看似平常的動作，可是有維持你我生命的重要性。

7-1 呼吸訊號

正常人 1 分鐘呼吸約 12~20 次，這稱為**呼吸頻率**。如果我們用儀器量測呼吸的深淺變化就稱為**呼吸訊號 (respiration, 簡稱 RSP)**，量測 RSP 的主要目的為確認呼吸是否正常，可以檢測有沒有呼吸急促或異常緩慢等症狀。

7-2 如何量測 RSP

量測呼吸訊號有很多種方法，可以直接連接口鼻取得壓力變化，也能用儀器偵測胸腔起伏來間接量測。本實驗使用的方法是溫度變化法，由於人體的溫度恆為 37°C，會與室溫產生溫差，因此只要量測口鼻附近的氣體溫度變化，就能取得 RSP 訊號。

以下我們將使用一個稱為 NTC 熱敏電阻的元件，當環境溫度降低時，它的電阻值會提升，反之則降低，因此可以將它放置於口鼻附近，呼吸時的溫度變化便會影響其電阻值，再利用**分壓電路**取得電壓變化並轉換為 RSP 訊號。

7-3 分壓電路

分壓電路會遵循**電壓分配定則**：即在電阻串聯的情況下，電阻越大其所分到的電壓也越大，兩者呈正比關係，下圖為本實驗使用的分壓電路圖：

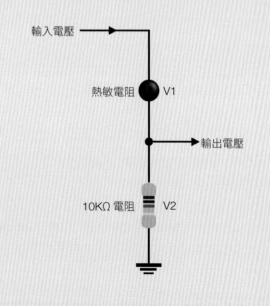

輸入電壓

熱敏電阻　V1

輸出電壓

10KΩ 電阻　V2

此電路中 V1 是熱敏電阻分到的電壓, V2 是 10KΩ 電阻分到的電壓, V1 加 V2 會等於**輸入電壓**, 因此當溫度越高, 熱敏電阻越小, V2 就越大:

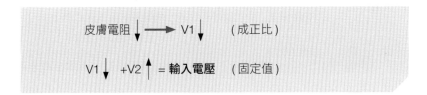

例如: 輸入電壓為 3(V), 原本 V1=2(V), 則 V2=1(V), 當溫度變高會造成熱敏電阻阻值降低, 若 V1 降低至 1.5(V), 此時 V2 則也為 1.5(V)。

這個電路中 V2 就是輸出電壓, 可以藉由 ESP32 的類比輸入腳位來讀取其變化。

LAB10　繪製 RSP 訊號

實驗目的	利用熱敏電阻來量測口鼻附近的溫度變化, 並轉換為 RSP 訊號。
材　料	• ESP32 • 熱敏電阻 • 10KΩ 電阻 • 麵包板 • 杜邦線若干

■ 接線圖

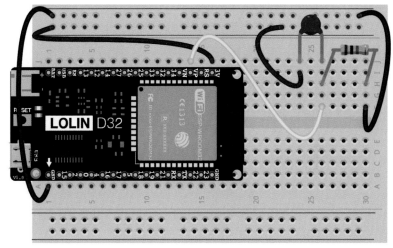

fritzing

熱敏電阻	麵包板
左	ESP32 3V
右	ESP32 VP、10KΩ 電阻左
10KΩ 電阻	**麵包板**
左	熱敏電阻右、ESP32 VP
右	ESP32 GND

■ 程式設計

請先確認已勾選上方工具列的**檢視 / 繪圖器**。

```
LAB10.py
1    from utime import ticks_ms, ticks_diff
2    from machine import Pin, ADC
3
4
5    adc_pin = Pin(36)
6    adc = ADC(adc_pin)
7    adc.width(ADC.WIDTH_10BIT)
8    adc.atten(ADC.ATTN_11DB)
9
10   time_mark = ticks_ms()
11   while True:
12       if ticks_diff(ticks_ms(), time_mark) > 300:
13           rsp = adc.read()
14           print(rsp)
15           time_mark = ticks_ms()        # 重置定時器
```

■ 測試程式

請按下 F5 執行程式，將口鼻靠近麵包板上的熱敏電阻，並以平常的方式進行呼吸，觀看繪圖區的 RSP 訊號變化。

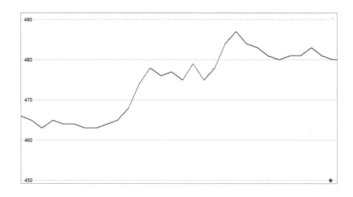

接下來，我們利用如同前兩章計算心率的方式，使用 RSP 訊號來計算呼吸速率，並同樣搭配網頁做為無線的介面。

LAB11　呼吸量測機

實驗目的	利用熱敏電阻來量測口鼻附近的溫度變化，將其轉換為 RSP 訊號，並計算呼吸速率，再傳送到網頁的介面上。
材　料	同 LAB10

■ 接線圖

同 LAB10

■ 設計原理

此實驗的設計方法與前兩章非常相似，只是將 PPG 訊號和 ECG 訊號換成 RSP 訊號，一樣使用濾波器產生動態閾值，用來計算呼吸速率，並搭配內建 LED 觀察呼吸的變化，另外也會將訊號和呼吸頻率傳送至以下的網頁：

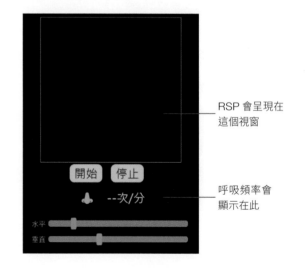

RSP 會呈現在這個視窗

呼吸頻率會顯示在此

程式設計

請先上傳 " 模組 " 資料夾中的 **pulse_oximeter.py** 心率計算函式庫、**ESPWebServer.py**，以及 "CH07 / 上傳資料 " 資料夾中的 **index.html 呼吸量測機專用網頁**到 ESP32 上。

LAB11.py

```python
1    import _thread
2    from utime import ticks_ms, ticks_diff
3    from machine import Pin, ADC
4    import network, ESPWebServer
5    from pulse_oximeter import IIR_filter
6
7
8    led = Pin(5, Pin.OUT)
9    led.value(1)
10
11   adc_pin = Pin(36)
12   adc = ADC(adc_pin)
13   adc.width(ADC.WIDTH_10BIT)
14   adc.atten(ADC.ATTN_11DB)
15
16   thresh_generator = IIR_filter(0.9)
17
18   rsp_rate_timer = ticks_ms()
19
20   is_breathing = False          # 紀錄是否正在呼吸的旗標
21   breath_time_mark = ticks_ms() # 記錄呼吸的時間點
22   rsp_rate = 0
23   num_breath = 0                # 紀錄呼吸次數
24   target_n_breath = 2           # 設定幾次呼吸才更新一次呼吸速率
25   tot_intval = 0                # 記錄呼吸時間區隔
26   rsp = 0
27
28   def cal_rsp_rate(intval, target_n_breath=2):
29       intval /= 1000
30       rsp_rate = target_n_breath/(intval/60)
31       rsp_rate = round(rsp_rate, 1)
32       return rsp_rate
33
34   def SendRspRate(socket, args):   # 處理 /sendata 指令的函式
35       ESPWebServer.ok(socket, "200", str(rsp_rate))
36
37   def SendRsp(socket, args):       # 處理 /line 指令的函式
38       ESPWebServer.ok(socket, "200", str(rsp))
39
40   def web_thread():        # 處理網頁的子執行緒函式
41       while True:
42           ESPWebServer.handleClient()
43
44   print("連接中...")
45   sta = network.WLAN(network.STA_IF)
46   sta.active(True)
47   sta.connect("無線網路名稱", "無線網路密碼")
48
49   while not sta.isconnected():
50       pass
51
52   print("已連接, ip為:", sta.ifconfig()[0])
53
54   ESPWebServer.begin(80)                         # 啟用網站
55   ESPWebServer.onPath("/sendata", SendRspRate)
56   ESPWebServer.onPath("/line", SendRsp)
57
58   _thread.start_new_thread(web_thread, ())     # 啟動子執行緒
59
60   time_mark = ticks_ms()
61   while True:
62       if ticks_diff(ticks_ms(), time_mark) > 300:
63           rsp = adc.read()
64           thresh = thresh_generator.step(rsp)
65
66           if rsp > (thresh + 3) and not is_breathing:
67               is_breathing = True
68               led.value(0)
```

```
69
70              intval = ticks_diff(ticks_ms(), breath_time_mark)
71              if 60000 > intval > 1000:
72                  tot_intval += intval
73                  num_breath += 1
74                  if num_breath == target_n_breath:
75                      rsp_rate = cal_rsp_rate(
76                          tot_intval, target_n_breath)
77                      print(rsp_rate)
78                      tot_intval = 0
79                      num_breath = 0
80              else:
81                  tot_intval = 0
82                  num_breath = 0
83              breath_time_mark = ticks_ms()
84          elif rsp < thresh:
85              is_breathing = False
86              led.value(1)
87
88          time_mark = ticks_ms()  # 重置定時器
```

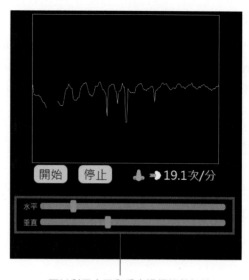

可以利用水平和垂直滑桿調整訊號
至較適合觀看的樣子

● 第 47 行：填入自己的無線網路名稱與密碼

■ 測試程式

　　請確認 Wi-Fi 無線網路正常運作，並確認電極貼片有黏貼在正確的位置後，再按下 F5 執行程式，ESP32 控制板連上無線網路，會在**互動環境 (Shell) 窗格**顯示 IP 位址。

　　將口鼻靠近麵包板上的熱敏電阻，並以平常的方式進行呼吸，等待 3~5 秒的時間讓濾波器穩定的取得直流成份後，觀看 LED 是否有隨著呼吸進行閃爍，另外互動環境也會顯示呼吸速率。

　　在裝置上開啟瀏覽器，並在網址列輸入 **http://+ IP 位址**後，瀏覽器會開啟網頁，按下網頁中的**開始**鈕，此時就會看到 RSP 波形呈現在視窗上。

生醫 2.0 — 生醫與 AI 的邂逅

生醫與 AI 的邂逅

前幾個實驗中，因為是使用比較基本的訊號，所以在應用上沒什麼大問題，但後續的實驗，我們開始需要導入一些複雜的技術，這些技術如同第一章所說，要許多的數學模型及公式才能完成（有些問題甚至無法以傳統的邏輯來解決），因此我們將在這一章，學習如何使用 AI，讓它來幫我們解決這些難題。

8-1　AI 人工智慧

● 開端

自從電腦發明以來，大家就著手在如何讓電腦解決更多問題，而讓電腦來模擬人類的智慧便成為了我們最大的夢想，1956 年，達特矛斯學院的約翰·麥卡錫 (J. McCarthy) 發起了一場意義非凡的活動：夏季人工智慧研究計劃。從此便誕生了**人工智慧 (Artificial Intelligence, AI)** 這個名詞，這場活動也被後人視為人工智慧革命的開端，又稱為**達特矛斯會議 (Dartmouth Conference)**。

這場會議集結了來自各界的高手，共同討論這門新學科的定義與方向，他們的目標是找出某種明確的方法，讓機器能模擬人類的學習行為和智慧，並嘗試使機器可以理解人類的語言、抽象概念，甚至能自我進步，以解決人類的各種問題。

為了實現人工智慧，不同學者也提出了不同看法，

首先成功的便是符號邏輯學，以程式語言來表達邏輯並控制電腦，許多學者都投入這個領域，開始想著各種問題要怎麼讓電腦來解決，例如，解方程式、讓機器走迷宮、自動化控制，很快的，電腦可以處理的問題越來越多，大多問題，都能靠著人工分析，轉換成程式語言，再輸入進電腦，有了大家的努力，電腦也越來越有智慧，以上的方法便稱為**規則法 (rule-based)**。

● 瓶頸

規則法實現的人工智慧確實有效，然而眾人逐漸發現一個問題，每次要教會電腦一個技能，就要花很多的時間與力氣，將我們熟知的解法翻譯成複雜的程式語言，如果我們不知道問題的解法，或不知道如何以程式語言來表達，就意味著電腦也不可能學會了。這樣聽起來，不免讓人有些失望，這可不是我們嚮往的未來世界啊，按照這種作法，電腦永遠都不可能到達人類的境界，更遑論什麼智慧了。

■ 突破

這種一個口令，一個動作的方法，並非長久之計，於是有人提出了新的看法，與其一一告訴電腦每個對應的指令，何不讓它有能力自我學習，這就是**機器學習 (Machine Learning, ML)** 的概念，即準備一些問題和對應的答案給電腦後，讓它自行找出其中的規則，並且有能力針對類似的問題給出正確的回答。

8-2 類神經網路

在機器學習中目前最主流的方法便是**類神經網路 (Artificial Neural Network, ANN, 後面簡稱神經網路)**，它相當擅長解決那些人類看似可以輕而易舉達到，卻又難以為其建立明確邏輯的感知問題，例如影像辨識、語音辨識、自然語言處理等等。這是一種利用程式來模擬神經元的技術。神經元是生物用來傳遞訊號的構造，又稱為神經細胞，正是因為有它的存在，人類才可以感覺到周遭的環境、做出動作。神經元主要是由樹突、軸突、突觸所構成的，樹突負責接收訊號，軸突負責傳送，突觸則是將訊號傳給下一個神經元或接收器。

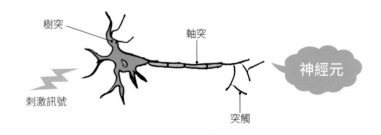

科學家利用這個原理，設計出一個模型來模擬神經元的運作，讓電腦也有如同生物般的神經細胞：

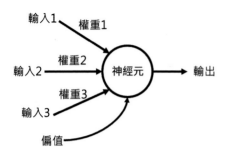

以上就是一個人工神經元，它有幾個重要的參數，分別是：輸入、輸出、權重及偏值。輸入就是指問題，我們可以依照問題來決定神經元要有幾個輸入；輸出則是答案；而權重和偏值就是 AI 要學習的參數。

人工神經元的運作原理是把所有的輸入分別乘上不同的權重後再傳入神經元，偏值會直接傳入神經元，神經元會把所有傳入的值相加後再輸出，以上的人工神經元用數學式子可以表示成：

$$輸出 = 輸入_1 \times 權重_1 + 輸入_2 \times 權重_2 + 輸入_3 \times 權重_3 + 偏值$$

接下來，為了讓讀者能理解人工神經元的原理，我們將輸入簡化為 1 個，並以迴歸問題來講解。

■ 神經元如何學習迴歸問題

以下為只有 1 個輸入的人工神經元：

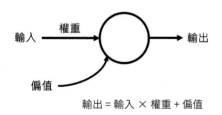

輸出 = 輸入 × 權重 + 偏值

迴歸問題

所謂的迴歸問題，指的就是找到兩組資料之間的對應關係，例如，我們想知道某一班學生的身高和體重是否相關，或是說能否用身高來推測某位學生的體重，這就是一個迴歸問題。要解決這個問題，首先一定要從資料下手：

身高	體重
150	40
152	48
155	45
158	50
160	55
162	56
165	58
170	59
172	62
175	65
180	68
185	72

接著將這些資料以點畫在平面座標上，其中 X 軸為身高，Y 軸為體重：

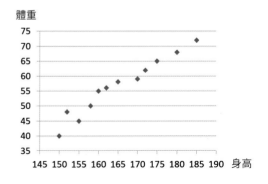

從以上的圖中，可以看出有一條線能將這些點大致連起來：

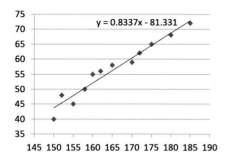

這條線其實就是一個函數，只要輸入身高就能得到體重。這就是迴歸的目的：" 建立兩組資料間的對應函數 "。而單一輸入的神經元便能表示出這個函數：

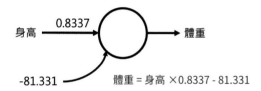

這樣你應該知道為什麼神經元會這樣設計了！不過以上只是一個很簡單的例子，很多時候，兩組資料間的關係，可能難以一條直線函數來表示，例如下方的資料：

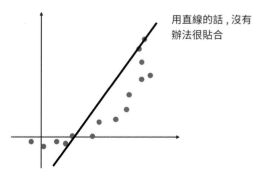

用直線的話，沒有辦法很貼合

61

激活函數

這時候我們就需要在函數中加入非線性度來解決，所謂的非線性代表此函數含有彎曲或轉折，而**激活函數 (activation function)** 便能在神經元輸出之前進行非線性計算，再將值輸出：

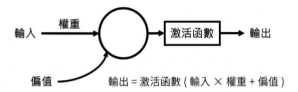

激活函數有相當多種，其中最常用的便是 ReLU 函數，因為它的計算方式很簡單，只要讓小於 0 的數值都等於 0 即可：

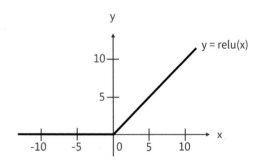

把這個函數加入原本的神經元，那麼它就能產生有轉折的非線性函數，因此能更貼近資料：

如果想讓函數再更進一步的貼近資料，就要導入更多非線性度，做法是將多個神經元串連在一起：

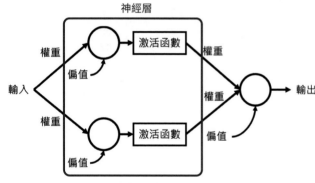

同一神經層的激活函數是一樣的

上圖中，上下並排的神經元合稱為神經層。同一個神經層中，每個神經元會共用同一個激活函數，由於多個有激活函數的神經元，等同提供了更多非線性度（如果是 ReLU 就是一次轉折），所以生成的函數又更貼近資料了：

神經網路

　　至此，我們知道，神經元不僅可以單獨存在，還可以多個搭配使用。另外，為了讓預測更準確，也能加入更多輸入資料，例如想預測某人的心血管罹病率，那可能需要是否有抽菸、是否有糖尿病、血壓、膽固醇等資料，這些輸入用的資料又稱為**特徵 (feature)**。這樣一來能將多個神經元組成如下的結構：

⚠ 下圖為了簡化，因此省略了偏值和激活函數以增加可讀性。

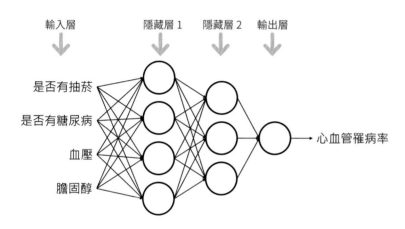

　　以上這種將多個神經元組成神經層，再將多個神經層堆疊起來的結構便稱為**神經網路**，其中輸入資料的部分稱為輸入層，中間的部分稱為隱藏層，一個神經網路可以有很多隱藏層，以增加更多的非線性度，最後則是輸出層，完整的神經網路又可以稱為**模型 (model)**。

　　使用神經網路時，我們可以任意決定要用幾層神經層、每個神經層中要有多少神經元，以及要搭配什麼激活函數，只要將它想成是一個很厲害的函數產生器就好，我們要做的，就是把資料輸入進去，讓它自動學習，找出一個複雜的對應函數。如果學習成功，便能利用它來解決問題，根本不用知道那個函數的數學式子是什麼，因此又稱神經網路為一個黑盒子呢！

學習完畢的神經網路，就像一個輸入問題就會給出答案的黑盒子

神經元的學習過程

　　看到這裡的讀者一定很好奇，神經網路是怎麼學習的呢？一開始的神經元什麼都不會，因為權重和偏值的預設值都是亂數，所以輸出的答案也是不對的，不過它會比對你給的資料來進行調整，直到它的輸出與你給的資料一致：

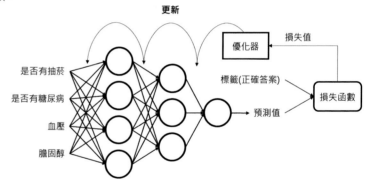

　　神經元計算後的輸出稱為**預測值 (prediction)**，我們給的正確答案 (ground truth) 也可以稱為**標籤 (label)**，用來計算神經元預測值和標籤誤差的，就是**損失函數 (loss function)**，計算出來的值稱為**損失值 (loss)**，越大代表誤差越多，有這個數值神經元才知道該怎麼調整它的參數，不同問題會搭配不同損失函數，像是迴歸問題就會使用**均方誤差 (Mean Squared Error, MSE)**。

⚠ 除了迴歸問題之外，還有二元分類問題、多元分類問題等等，它們搭配的損失函數都不相同，這在之後的章節和實驗會一一介紹。

均方誤差 (MSE)，是將每筆標籤減掉預測值（即誤差值）取平方，
再取平均值。

標籤：

$y_1 \cdot y_2 \cdot y_3 \cdot y_4 \cdot y_5 \cdots y_n$

預測值：

$\widehat{y_1} \cdot \widehat{y_2} \cdot \widehat{y_3} \cdot \widehat{y_4} \cdot \widehat{y_5} \cdots \widehat{y_n}$

MSE：

$$\frac{\sum_{i=1}^{n}(y_i - \widehat{y_i})^2}{n}$$

接著**優化器 (optimizer)** 會利用損失值來更新權重和偏值，調整神經元，
讓損失值降低，這個學習過程稱為**訓練**，由於它更新的方向是由後往前（先
更新後面層再更新前面層），因此又被稱之為**反向傳播法 (Backpropagation,
BP)**。不同優化器的更新方式也會有點不同，但它們主要都會使用**梯度下降
(Gradient descent)**，所以接下來會介紹什麼是梯度下降。

梯度下降 (Gradient descent)

理論上只要能讓損失函數輸出最小損失值，就代表此時的權重和偏值是最
佳參數，然而損失函數需要代入神經網路的輸出，而神經網路中存在大量的
未知數（權重和偏值），這導致我們無法知道損失函數的全貌，這樣還怎麼找
到最小損失值呢？

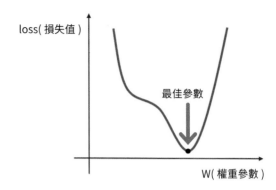

梯度下降法便是為了解決這個問題而產生的，雖然我們不知道損失函數的
全貌，但可以利用損失值來取得當下參數的梯度（使用數學的偏微分），這個
梯度便是朝向更大損失值的方向，因此只要將參數往梯度的反方向修正，就
能靠近最小損失值。這個方法可以用以下例子來直觀的理解，想像你是一個
在山上迷路的登山客，此時山中充滿濃霧，導致你無法看清山的全貌，想下
山的你，只能透過有限的視野來查看地形，確認自己是否在往下走。此例子
中，你就代表了神經網路中的參數、山的樣貌代表損失函數、山腳下代表最
小損失值，而用有限視野看出斜坡方向就是梯度。

這是一種利用逐步向前的方式來得到最小損失值 (loss) 的方法，因此要訓
練好一個神經網路，往往需要許多的**訓練週期 (epoch)**，而控制每個更新步伐
的大小也成為了很重要的關鍵。

學習率 (learning rate)

學習率 (learning rate)，便是用來控制學習步伐大小的參數，這個數值通常介於 0~1。太大的學習率會導致太大的步伐，可能讓梯度下降時，發生損失值震盪，因而無法找到最小的損失值。

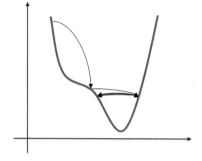

甚至會發生損失值爆炸，反而離最低點越來越遠：

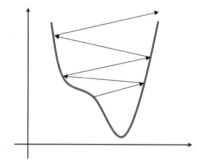

太小的學習率，則會讓梯度下降時速度太慢，導致要花相當多個訓練週期，才能完成學習。

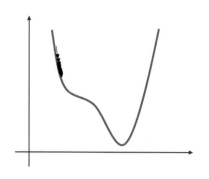

因此選擇適當的學習率，才能在結果與時間上取得平衡，這通常是需要依靠經驗來調整的。

雖然每個優化器都是使用梯度下降來更新神經網路，但不同優化器會再加上不同的方法，讓訓練過程更加順利，這些方法主要用了兩個概念：**自適應 (Adaptive)** 和**動量 (Momentum)**，所謂自適應是指自動調整學習率，由於神經網路剛訓練時，離最小損失值還很遠，所以此時可以將學習率放大，以求更快地往目標前進，而快到達目標時，則要逐漸縮小學習率，才不會錯過目標，避免發生震盪，透過這樣的調整，不僅有更快的訓練速度，也能有更好的訓練結果。

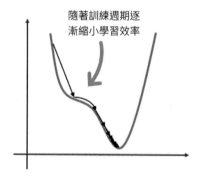

隨著訓練週期逐漸縮小學習效率

動量則是用來解決 2 個在梯度下降時可能發生的問題：

● 問題 1　**學習速度太慢。如果連續幾次的梯度都很大，則動量可讓移動速度加快，因此可以增加學習的速度。**

● 問題 2　**停留在區域最低點。假設有一顆小球在下圖中由最高點往下滾，那麼加上動量（慣性）因素後，小球就比較有可能衝出區域最低點，而到達全域最低點：**

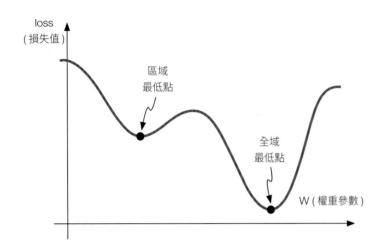

不同優化器可以調整的參數也略微不同，常見的優化器有：SGD (Stochastic gradient descent, 隨機梯度下降)、RMSprop (Root mean square propagation, 方均根反向傳播) 及 Adam (Adaptive moment estimation, 適應性矩估計)。本實驗會使用同時加上自適應和動量的 Adam。

8-3 tf.Keras 介紹

Keras 是 Python 的深度學習開發工具，它相對 CNTK、Theano、MXNet 等其它深度學習套件更為高階 (使用者比較不需要接觸到底層的操作)，因此能夠簡單且快速地建構神經網路，且在由 Google 推出的 **Tensorflow** 後續版本更新中，更是直接被納入，甚至成為 Tensorflow 官方首要推薦的用法，而附屬於 Tensorflow 的 Keras 就稱為 **tf.Keras**, 不僅同樣簡單易用，還能調用 Tensorflow 中各種方便的工具，它主要的特色如下：

1. 能像堆積木般地建立神經網路，簡單明瞭

2. 已內建各種進階的神經層 (例如 CNN、RNN), 方便使用者直接使用

3. 訓練、驗證、預測神經網路等方法皆已包裝好，無須自己實作

4. 程式碼在更換硬體環境時 (CPU、GPU) 無須做任何更改

● 安裝 Tensorflow

接下來我們將在電腦上安裝 Tensorflow 以使用 tf.Keras, 因此要將 Thonny 的直譯器換回預設的 Python, 請先在工具列按 **工具 / 選項**：

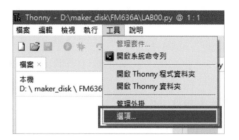

按直譯器

按下拉選單，選擇**本地端的 Python 3**

按**確認**

看到互動環境顯示如下，就代表切換回預設的 Python 了：

此處顯示 Python
而非 MicroPython

接著我們開始安裝 Tensorflow, 在 Thonny 上方的工具列按**工具 / 管理套件**：

在此處輸入 **tensorflow**　　　　　　　　　　　　按此進行搜尋

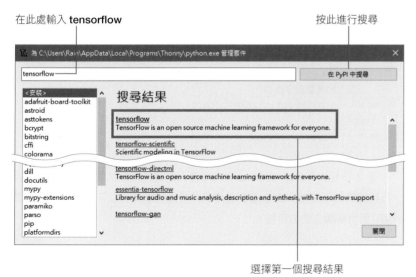

選擇第一個搜尋結果

tensorflow

最新穩定版本: 2.10.0
摘要: TensorFlow is an open source machine learning framework for everyone.
作者: Google Inc.
網站主頁: https://www.tensorflow.org/
PyPI 頁面: https://pypi.org/project/tensorflow/
相依套件: absl-py (>=1.0.0), astunparse (>=1.6.0), flatbuffers (>=2.0), gast (<=0.4.0,>=0.2.1), google-pasta (>=0.1.1), h5py (>=2.9.0), keras-preprocessing (>=1.1.1), libclang (>=13.0.0), numpy (>=1.20), opt-einsum (>=2.3.2), packaging, protobuf (<3.20,>=3.9.2), setuptools, six (>=1.12.0), termcolor (>=1.1.0), typing-extensions (>=3.6.6), wrapt (>=1.11.0), tensorflow-io-gcs-filesystem (>=0.23.1), grpcio (<2.0,>=1.24.3), tensorboard (<2.11,>=2.10), tensorflow-estimator (<2.11,>=2.10.0), keras (<2.11,>=2.10.0)

安裝　　　　　　...　　　　　　關閉

按**安裝**　　　若讀者看到的 Tensorflow 版本與本書差異太大，導致後續實驗有相容性問題，可以按此選擇與本套件相同的版本

install

安裝 'tensorflow'

安裝中

Downloading tensorflow-2.10.0-cp...　　　取消

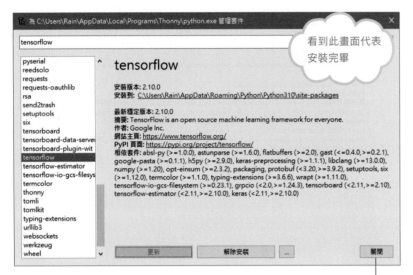

看到此畫面代表安裝完畢

按**關閉**結束安裝

在互動環境輸入 import tensorflow as tf，若沒有顯示錯誤訊息就代表安裝成功了。

```
>>>  import tensorflow as tf
>>>
```

若顯示類似下方訊息，代表你的電腦有 GPU 但沒有進行設定，由於我們的實驗不會使用 GPU 來進行訓練，所以此訊息可以忽略：

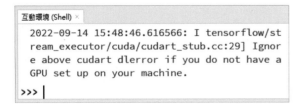

```
互動環境 (Shell) ×
2022-09-14 15:48:46.616566: I tensorflow/st
ream_executor/cuda/cudart_stub.cc:29] Ignor
e above cudart dlerror if you do not have a
GPU set up on your machine.
>>> |
```

安裝好 Tensorflow 後，以下我們就利用 tf.Keras 來建構神經網路吧。

8-4 使用 tf.Keras 建構神經網路

tf.Keras 到底有多簡單易用呢？底下我們就示範如何用 7 行程式建構一個 3 層神經網路模型 (model)：

```
   # 匯入 Keras 的序列式模型類別
1  from tensorflow.keras.models import Sequential

   # 匯入 Keras 的密集層類別
2  from tensorflow.keras.layers import Dense

   # 建立神經網路
3  model = Sequential()

   # 加入第 1 層
4  model.add(Dense(4, activation='relu', input_shape= (4, )))

   # 加入第 2 層
5  model.add(Dense(3, activation='relu'))

   # 加入第 3 層
6  model.add(Dense(1))

   # 以指定的參數編譯模型
7  model.compile(optimizer='adam',
     loss='mse',
     metrics=['accuracy'])
```

前面 2 行程式碼是從 tf.keras 套件中匯入創建神經網路需要的類別，後面 5 行程式碼則是建立一個 3 層的神經網路並進行編譯。以下我們將每個步驟拆解，逐步解讀它們的意義。

■ 建立空的神經網路模型

Keras 提供了用序列 (Sequential) 類別來建立神經網路的方法，它可以像堆積木一樣，將神經層一層一層堆疊起來，建立線性堆疊的模型。上面程式的第 3 行即是用 Sequential 類別來建立序列模型物件：

```
model = Sequential() ← 建立序列模型物件，並指定給 model 變數，這時
                        的model 就是一個神經網路了，但內容是空的
```

■ 加入第一層的神經層 (包含輸入層功能)

接著第 4 行使用模型物件的 add()，加入第一層神經層：

```
model.add(Dense(4, activation='relu', input_shape= (4, )))
```

⚠ 密集層 (Dense layer) 就是最普通的神經層，它的每一個神經元都會與上一層的每個神經元連接，因此又稱為全連接層

Dense() 的第一個參數必須指定該層的神經元數量 (此處為 4 個)，若需要激活函數，則可用指名參數 activation 來指定，這裡是指定要使用 ReLU 激活函數 ('relu')。

使用 Keras 建立神經網路的第一層需包含輸入層，因此第一個加入模型的神經層，必須用 input_shape 來指定輸入的特徵數量，此例中設定為 4。

目前為止的神經網路長這樣：

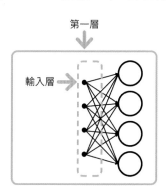

■ 加入第二層的神經層

接著第 5 行程式再加入一個密集層來做為第二層，指定神經元數量為 3，激活函數一樣是 ReLU：

```
model.add(Dense(3, activation='relu')) ← 除第一層之外都不用指定
                                           input_shape 參數
```

這一次不用再指定 input_shape 參數了，因為 Keras 會自動搭配上一層神經元的輸出數量來決定此數值。

現在的神經網路長這樣：

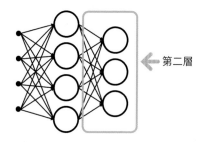

■ 加入輸出層

再來第 6 行程式加入第三層密集層，也是最後一層 (最後一層會自動成為輸出層)：

```
model.add(Dense(1)) ← 再加入一個密集層，只有 1 個神經元，並且不使
                       用激活函數
```

本例是要設計能處理迴歸問題的神經網路 (迴歸模型)，輸出層不需要激活函數，詳細說明可參考第 9 章。

這樣一來神經網路就建立好了，完整的架構如下圖：

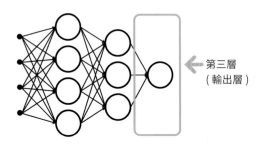

← 第三層
（輸出層）

■ 指定訓練及評量方式來編譯模型

加入所需的神經層後，即可呼叫模型物件的 model.compile() 來編譯 (compile) 模型：

```
model.compile(optimizer='adam',    ← 指定優化器
loss='mse',         ← 指定損失函數為均方誤差 (mean squared error)
metrics=['mae'])    ← 指定評量準則
```

編譯模型指的就是設定優化器 (optimizer)、損失函數 (loss function)、評量準則 (metrics)，以控制如何訓練及評量模型，其中損失函數和優化器在 8-2 節已經介紹過了，第 3 個參數 metrics (評量準則) 是用來評量學習的成效，以供我們在訓練及評估模型時，除了損失值之外，多了一個參考。請注意，它的評估結果並不會被用來訓練神經網路，因為優化器只會依據損失值 (loss) 做優化，而與評量準則無關。換句話說，損失值主要是給優化器看的，而評量準則是只給我們看的！這裡指定的評量準則為**平均絕對誤差 (Mean Absolute Error, MAE)**。

8-5 訓練神經網路的流程 – 以預測罹患心血管疾病機率為例

在前一節中已經介紹了建構神經網路的過程，接下來就用實際的範例『預測罹患心血管疾病機率』來走一次完整的訓練流程吧！

■ 實驗目的

利用神經網路的迴歸模型來預測受測者於十年內可能發生動脈粥狀硬化心血管疾病 (ASCVD) 的機率。

■ 材料

無

■ 設計原理

心臟血管疾病一直是世界上不少地區的主要死因之一，其中的**動脈粥狀硬化心血管疾病 (ASCVD, atherosclerotic cardiovascular disease)**，是因為血管中油脂累積，使得血管硬化、狹窄以及阻塞，由於早期症狀不明顯，所以很容易被忽視，然而一旦發作，可能導致心絞痛、心肌梗塞甚至猝死。因此許多研究嘗試預測患者的 ASCVD 發病機率，以達到及早追蹤或治療。

目前來說，ACC/AHA(美國心臟病學會 / 美國心臟協會) 所推出的心血管風險計算工具，能預測患者 10 年內發生 ASCVD 的機率，且已被作為臨床上治療及使用藥物的依據。

雖然現在有不少網站在線上提供此風險計算工具，只要輸入相關資料，如性別、年齡、血壓等就能計算發病機率，不過其背後的運算原理較為複雜，且計算式不易取得，因此本實驗嘗試以既有的資料集 (來自於資料集平台 :Kaggle), 建立一個屬於我們自己的 ASCVD 風險計算模型。

⚠ 該資料集作者是使用隨機的 1000 筆資料輸入到線上的 ASCVD 風險計算工具，並生成對應的機率值以建立此資料集的。

⚠ 本套件實驗內容或零件皆為教學用，不具有診斷、治療、減輕或預防人類疾病等效果。

■ 程式設計

⚠ 本書範例程式下載網址為 https://www.flag.com.tw/DL?FM636A

此實驗並不需要自己撰寫程式碼，而是使用範例程式講解每一區塊的作用，讀者可以跟著程式解說來了解並執行程式碼。

⚠ 本書所有 LAB 的範例程式都可以從『範例程式』資料夾中直接開啟使用。

先在 Thonny 左側的**檔案窗格**移至範例程式中的 **CH08** 資料夾，其中已經放好**資料集 heart_risk.txt** 以及**程式庫 keras_lite_convertor.py**，請直接開啟**範例程式 heart_risk_prediction.py**：

1 移至 **CH08** 所在路徑

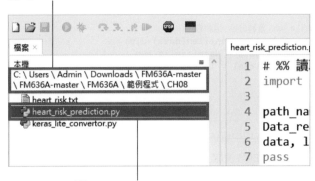

2 雙按左鍵開啟 **heart_risk_prediction.py**

■ 程式解說

為了方便觀看程式執行的過程，我們可以利用 Thonny 的分段執行功能，也就是不要一次執行所有程式，而是按照我們的指定分段方式來執行，使用方法是在程式碼**行號位置**按一下滑鼠**左鍵**，此時會出現一個紅點，這就代表**中斷點**，待會執行程式時，執行到此處會先暫停住，直到你選擇繼續執行，而在第一次執行程式時以 `Ctrl` + `F5` 取代 `F5`，或按上方的 🐛 蟲蟲圖示，之後可以按 `F8` 或按 ▶ 圖示繼續往下執行。

```
heart_risk_prediction.py

1   # %%% 讀取資料
2   import keras_lite_convertor as kc
3
4   path_name = 'heart_risk.txt'
5   Data_reader = kc.Data_reader(path_name, mode='regression')
6   data, label = Data_reader.read(random_seed=12)
7●  pass
8
9   # %%% 資料分割-訓練集
10  split_num = int(len(data)*0.9)
11  train_data = data[:split_num]
12  train_label = label[:split_num]
13● pass
```

按此以加入中斷點

本範例程式已在要中斷的地方使用 **pass** 來標記，請讀者先瀏覽一遍程式，並在有 pass 語句的旁邊加上中斷點。

接著就按下 ⌃ Ctrl + F5 並跟著以下解說，繼續往下執行吧！

1 讀取資料

讀取檔案前先來看一下檔案內容吧，可以雙按左鍵開啟在**檔案窗格** CH08 資料夾中的資料集檔案 heart_risk.txt：

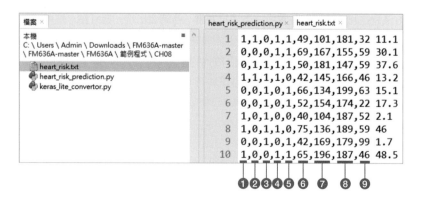

❶ 是否為男性	❹ 是否有糖尿病	❼ 血壓收縮壓
❷ 是否為非裔	❺ 是否有高血壓	❽ 總膽固醇
❸ 是否有抽菸習慣	❻ 年齡	❾ 高密度膽固醇

⚠ 1 代表是，0 則是否。

我們整理的資料集會將『特徵』之間用逗號隔開，『標籤』與『特徵』之間用空格分開

了解檔案格式後，使用資料夾中程式庫 **keras_lite_convertor** 內的 **read()** 函式將『heart_risk.txt』的 9 種資料分為特徵資料和標籤：

讀取資料

```
import keras_lite_convertor as kc

path_name = ' heart_risk.txt'
Data_reader = kc.Data_reader(path_name, mode='regression')
data, label = Data_reader.read(random_seed=12)
```

⚠ data 是特徵資料，label 是標籤。

⚠ Data_reader.read () 回傳的值會是 numpy.array 格式。numpy.array 的詳細內容會於第 9 章開始介紹，有興趣的讀者可以先翻到 P.82 開始閱讀。

本套件之後都會使用 **kc.Data_reader()** 來建立物件，並使用當中的 **read()** 函式來讀取訓練資料，以下說明個別參數：

```
kc.Data_reader(path_name, mode, label_name)
```

● 功能：建立讀取檔案物件。

● 參數說明：

▶ path_name：檔案名稱。

- ▶ mode：分為『'regression'』、『'binary'』和『'categorical'』。
  regression 用於迴歸問題，binary 用於二元分類問題，categorical 用於多元分類問題。

- ▶ label_name：標籤名稱。用於分類問題，本章不會使用。

```
read(shuffle, random_seed)
```

- ● 功能：讀取檔案。
- ● 參數說明：

  - ▶ shuffle：是否將讀取到的資料進行亂數排列，增加資料的不規則性。

  - ▶ random_seed：設定亂數種子。相同的亂數種子會產生相同的亂數排列。

2 資料分割

　　訓練神經網路前，通常會將資料分為『訓練集』、『驗證集』和『測試集』，**訓練集**顧名思義就是讓神經網路訓練用的，**驗證集**則是給人類檢驗模型當前學習成果的，雖然神經網路的擬和能力很強，但有時並不是真的學會了其中的邏輯，而只是死背答案而已，所以會使用模型不知道答案的驗證集來檢驗它，我們可以根據模型在驗證集的表現，決定是否要繼續訓練或儲存模型，另外**測試集**的存在是避免人類過度調整模型的參數，而高估了模型的表現，在訓練的過程中，我們通常會以驗證集的表現來決定是否保存模型的權重，但這種方式難以確保模型僅是運氣好，碰巧在這次的訓練取得不錯的成績，所以訓練終止後，還需要再一份的獨立資料集來進行測試。

資料分割 - 訓練集

```
split_num = int(len(data)*0.9)
train_data = data[:split_num]
train_label = label[:split_num]
```

⚠ 本例使用 90% 的資料當作訓練集，剩下的 10% 會在後面分為驗證集和測試集。上面的程式是對 np.array 做切片。詳細內容會於第 9 章開始介紹，有興趣的讀者可以先翻到 P.83 開始閱讀。

3 資料正規化 (normalization)

　　由於每種特徵值的數值範圍都不太一樣，像是資料中的『血壓收縮壓』數值大概在 100 多上下、『是否有糖尿病』卻只有 0 (否) 和 1 (是)。對『是否…』這種資料來說，差 1 便是完全相反，但對『血壓收縮壓』來說**變化 1**卻只是微乎其微，這時就會增加神經網路的學習負擔，並可能導致訓練效果不佳。所以在輸入數值進神經網路前，需要先將資料『正規化』，也就是讓每種特徵使用相同的計量標準。

　　正規化方式不只一種，此處選擇**先將資料減掉平均，再將其除以標準差**，這個運算過程我們稱之為『標準化』。經過標準化後，每種資料都是以 0 作為基準，標準差作為單位。

　　不管使用哪種正規化方法，通常都會盡量將數值範圍固定在 **-1~1** 之間，這是因為神經網路權重的亂數值也會經過正規化，並接近在此範圍內，這樣能確保神經網路的訓練過程更佳穩定。

特徵資料正規化 (標準化)

```
mean = train_data.mean(axis=0)
std = train_data.std(axis=0)


data -= mean
data /= std
```

⚠ 上面的程式是對 np.array 做四則運算。詳細內容會於第 9 章開始介紹，有興趣的讀者可以先翻到 P.83 開始閱讀。

　　從上面的程式碼可以發現，正規化使用的『平均』和『標準差』只包含**訓練集**，而不是使用全部資料。這是因為訓練集以外的『驗證集』和『測試集』

稍後會對模型進行測試，如果這時將驗證集和測試集也一併拿來計算平均和標準差，就可能造成**資料洩漏**（將不該讓模型知道答案的部分資訊洩漏給模型，以致後面測試時失去公平性）。另外除了特徵值以外，**標籤**也需要進行正規化。前面有說過正規化的方式不只一種，通常標準化是針對不確定原數值範圍的資料用的，如果原資料數值範圍是已知的，就可以使用**最小值最大值正規化 (Min-Max Normalization)**，例如本實驗中我們知道機率的範圍是 0~100%，所以可以直接將標籤除以 100 來進行正規化。

標籤正規化 (最大值正規化)

```
label /= 100  # 將 label 範圍限縮在 0~1
```

4 查看資料集的形狀

目前已經確定使用 9 成的資料做為訓練集，剩下的 1 成用最後 30 筆當作『測試集』，其他則當作『驗證集』。而在分割的過程中，我們可以使用 **shape** 來查看每種資料的形狀，讓我們更加了解資料的組成：

查看資料集的形狀

```
# 訓練集
train_data = data[:split_num]        # 訓練用資料
print(train_data.shape)
train_label = label[:split_num]      # 訓練用標籤
# 驗證集
validation_data=data[split_num:-30]  # 驗證用資料
print(validation_data.shape)
validation_label=label[split_num:-30] # 驗證用標籤
# 測試集
test_data=data[-30:]                 # 測試用資料，30 筆
print(test_data.shape)
test_label=label[-30:]               # 測試用標籤
```

互動環境 (Shell) ×
```
(900, 9)
(70, 9)
(30, 9)
```

以訓練集為例：heart_risk.txt 中共有 1000 筆資料，90% 便等於 900 筆，因此第 1 個數代表**資料筆數**，而每筆資料都是由 9 個特徵組成，所以第 2 個數代表**特徵數量**。

做完資料處理後，就能建立神經網路的架構。至於要建構幾層，以及每層要有幾個神經元，只能透過以往的經驗或不斷的測試才知道。以下我們就先建立一個包含輸入層共 3 層的神經網路，其中的兩個隱藏層皆設定為 200 個神經元，最後一層則是使用一個神經元用來預測機率值：

```
from tensorflow.keras.models import Sequential
from tensorflow.keras.layers import Dense

model = Sequential() # 建立網路模型
model.add(Dense(200, activation='relu',  # 增加一層神經層
input_shape=(9, )))
model.add(Dense(200, activation='relu')) # 增加一層神經層
model.add(Dense(1))
model.summary()
```

互動環境 (Shell) ×
```
Model: "sequential"
_____
Layer (type)                 Output Shape              Param #
=================================================================
dense (Dense)                (None, 200)               2000

dense_1 (Dense)              (None, 200)               40200

dense_2 (Dense)              (None, 1)                 201

=================================================================
Total params: 42,401
Trainable params: 42,401
Non-trainable params: 0
```

5 編譯及訓練模型

　　神經網路的架構建立好後，就要編譯模型。由於這是迴歸問題，所以使用之前所說的均方誤差 (mean square error)，並且設定優化器為 'adam'。

⚠️ Adam 是最常使用到的優化器之一，因為它同時具備了我們先前所說的自適應和動量，所以本實驗會使用 Adam 優化器來尋找最佳權重。

　　編譯完後就能開始訓練模型。只要將訓練集的特徵資料和標籤傳入 model 中的 **fit()** 即可讓神經網路開始訓練，並能利用 **epochs** 參數來控制訓練週期，另外可以使用 **validation_data** 參數來指定驗證集：

```
model.compile(
    optimizer='adam', loss='mse', metrics=['mae'])

history=model.fit(
    train_data, train_label, # 訓練集
    validation_data=(validation_data, validation_label), # 驗證集
    epochs=300)
```

```
互動環境 (Shell)
val_loss: 1.3056e-04 - val_mae: 0.0088
Epoch 297/300
29/29 [==============================] - 0s 2ms/step - loss: 1.4447e-05
val_loss: 1.6247e-04 - val_mae: 0.0097
Epoch 298/300
29/29 [==============================] - 0s 2ms/step - loss: 1.9468e-05
val_loss: 1.4375e-04 - val_mae: 0.0096
Epoch 299/300
29/29 [==============================] - 0s 2ms/step - loss: 3.1694e-05
val_loss: 1.2777e-04 - val_mae: 0.0085
Epoch 300/300
29/29 [==============================] - 0s 2ms/step - loss: 1.7704e-05
val_loss: 1.5497e-04 - val_mae: 0.0092
1/1 [==============================] - 0s 60ms/step
```

　　損失值 (loss) 有明顯的降低，代表訓練結果是往好的方向前進，只要觀察到驗證損失值沒有持續下降，就能停止訓練並進入測試階段了。

6 測試模型

　　測試模型階段，我們可以將測試集的特徵資料傳入 **model** 的 **predict()** 方法，便能取得預測值，再和真實的測試標籤進行比對：

```
測試模型
prediction = model.predict(test_data)

# 預測值
print('prediction:')
print(prediction*100)
print()
# 實際值
print('ground truth:')
print(test_label*100)
print()
# 誤差值
print(test_label*100 - prediction*100)
```

```
互動環境 (Shell)
prediction:
[[ 4.5308003]
 [ 6.288287 ]
 [ 4.96282  ]
 [12.955992 ]
 [ 5.8000703]
 [ 4.268235 ]
 [52.015    ]
```

```
互動環境 (Shell)
ground truth:
[[ 4.2]
 [ 5.5]
 [ 5.9]
 [11.4]
 [ 4.9]
 [ 4.8]
 [51.1]
```

```
互動環境 (Shell)
error:
[[-0.33080034]
 [-0.78828716]
 [ 0.93717995]
 [-1.55599174]
 [-0.90007029]
 [ 0.53176479]
 [-0.91499939]
```

可以看到模型的預測能力還算不錯，測試集中最大的誤差不超過 2%

8-6 生醫 2.0

　　理解了神經網路和其標準訓練流程後，我們後續的章節就會開始把 AI 技術加入實驗中，幫助我們處理比較複雜的生理訊號，除了單純的密集連接網路解決回歸問題外，也會使用不同的神經網路架構解決不同的問題，藉由人工智慧的力量將原本難以接近的生醫領域，提升到全新的境界！

09

體溫計 冷暖「智」知—

人體是恆溫動物，正常情況下我們的體溫會接近 37°C 上下，不會隨外界的溫度變化。如果體溫過低代表失溫，會有喪失意識，甚至死亡的風險。如果體溫過高，則有可能是發燒，通常是感冒或細菌感染所造成的。這一章我們使用 AI 來打造一個即時的體溫計，讓我們能隨時監控體溫。

9-1 如何量測體溫

量測體溫的方法有很多種，常見的有水銀溫度計：使用物質熱脹冷縮的原理量測腋溫或肛溫；或是耳溫槍、額溫槍：使用紅外線接收器，量測紅外線波長，再將數值轉換為溫度。不過以上方法使用的元件通常要價不菲或不適合用來連續量測，因此本實驗將使用類似第 7 章用過的 NTC 熱敏電阻，不同之處在於其外觀設計更便於量測體溫，我們可以將它放在腋下，用來量測腋溫：

連接時請使用杜邦線直接插入

金屬探頭為感測部分

雖然我們能藉由熱敏電阻的電阻值得知溫度變化，然而要將電阻值轉換成明確的溫度值可不是一件簡單的事，因為 NTC 熱敏電阻的阻值和溫度並非呈線性相關：

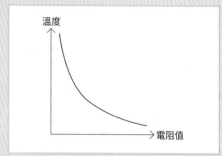

溫度

電阻值

▲ NTC 熱敏電阻的電阻值和溫度關係曲線

看到這裡聰明的讀者應該已經注意到了，要建立熱敏電阻值和溫度之間的關係其實就是屬於『迴歸問題』，所以只要使用神經網路便能輕鬆地解決此問題，更方便的是我們甚至可以跳過**把 ADC 值換算分壓值再轉成電阻值**的步驟，直接使用 ADC 值即可，以下就來看看如何建立自己的溫度資料集，並訓練一個能將熱敏電阻 ADC 值轉換成確切溫度的神經網路。

9-2 資料輸入與檔案處理

稍後我們就要利用讀取到的 ADC 值以及實際使用溫度計量測到的溫度來建立資料集，因此需要能夠在程式執行時讓使用者輸入從溫度計上看到的溫度值，連同 ADC 值儲存在檔案中，以便在電腦上訓練模型。

⚠ 溫度計請自備。沒有溫度計的讀者也可以使用我們準備的資料檔，不用自己量測。

■ 輸入資料

在 Python 中要輸入資料可以使用 input() 來達成：

```
>>>  tem=input('現在溫度:')
現在溫度:
```

input() 的參數是字串，執行時會顯示於互動環境 (Shell) 提醒使用者輸入內容：

```
現在溫度:30    ← 輸入30
>>>  tem
'30'
```

輸入 30 按 Enter 後，輸入的內容會以**字串格式**儲存在 tem 中。

■ 儲存資料到檔案中

Python 在儲存資料到檔案時會分為 3 個步驟：

在寫入資料前，需要先使用 open() 開啟要使用的檔案：

```
f=open('檔案名稱', 'w')
```

open() 的第 1 個參數是**檔案名稱**，如果該檔案不存在，會自動幫你建新檔；第 2 個參數是**模式**，'w' 代表『寫入模式』，可以使用 f.write() 將文字寫入到檔案中，如果檔案不存在，在寫入模式時會自動幫你建立新檔：

```
f.write(str(123))
```

write() 的參數是字串，若要儲存數字，可以使用 str() 先轉換成字串。全部資料寫入後，要使用 f.close() 關閉檔案，不然資料不會儲存：

```
f.close()
```

⚠ 若是 Thonny 的直譯器是延續上一章選擇本機的 Python 上執行，檔案會儲存在本機的資料夾裡。如果直譯器切換為 ESP32 上執行，檔案則是儲存在 ESP32 上。

LAB12	輸入溫度資料並存檔
實驗目的	學習將熱敏電阻 ADC 值與使用者輸入的內容儲存到檔案中。
材　　料	● ESP32 ● 熱敏電阻 (金屬探頭) ● 10KΩ 電阻 ● 麵包板 ● 杜邦線若干

■ 接線圖

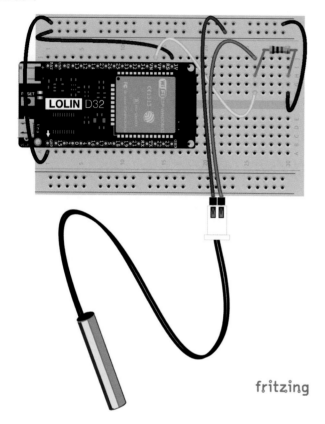

fritzing

熱敏電阻 (金屬)	麵包板
左	ESP32 GND
右	ESP32 VP
10KΩ 電阻	**麵包板**
左	熱敏電阻右、ESP32 VP
右	ESP32 3V

■ 實驗原理

藉由 open() 開啟 test.txt 來寫入資料，並使用 input() 輸入現在溫度。等輸入完畢後，write() 會將 "ADC 值 " 和 " 現在溫度 " 一同儲存到 test.txt 中。

■ 程式設計

LAB12.py

```
1    from machine import Pin, ADC
2
3
4    f = open('test.txt', 'w')
5
6    adc_pin = Pin(36)
7    adc = ADC(adc_pin)
8    adc.width(ADC.WIDTH_10BIT)
9    adc.atten(ADC.ATTN_11DB)
10   temp = input('請輸入現在溫度:')
11
12   f.write(str(adc.read()) + ' ' + temp) #以空格隔開ADC值與溫度值
13   f.close()
```

■ 測試程式

請先到 Thonny 上方的工具列按**工具 / 選項 / 直譯器**，確認直譯器為 **Micropython (ESP32)**，接著按下 F5 執行程式，即可看到『請輸入現在溫度:』:

> **請輸入現在溫度:**

我們在後方的欄位隨意填入一個數值，例如 36:

> **請輸入現在溫度:** 36
> >>>

輸入完畢後即可看到程式碼自行結束，點擊 **檢視 / 檔案** 即可看到程式建立的 test.txt：

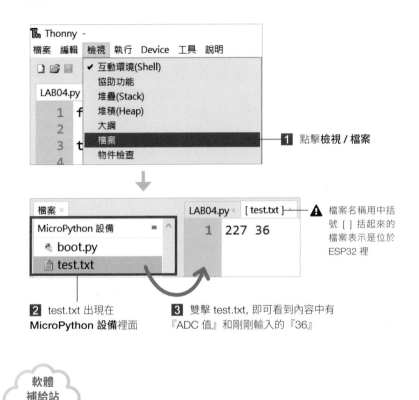

1 點擊檢視 / 檔案

2 test.txt 出現在 **MicroPython 設備** 裡面

3 雙擊 test.txt，即可看到內容中有『ADC 值』和剛剛輸入的『36』

⚠ 檔案名稱用中括號 [ ] 括起來的檔案表示是位於 ESP32 裡

軟體補給站

Thonny 的互動環境在顯示中文時偶爾會變成亂碼，但並不會影響功能：

```
???輸入現在溫度:30
```

9-3 連續體溫監測器

接著我們就要使用熱敏電阻的 ADC 值預測體溫，以下為本實驗流程：

1. 蒐集資料：量測及記錄 ADC 值與實際溫度

2. 建立神經網路：體溫迴歸模型

3. 使用訓練好的模型進行體溫量測

1 蒐集資料：量測及記錄 ADC 值與實際溫度

前一個實驗 **LAB12 輸入溫度資料並存檔** 已經學會如何蒐集資料，接下來就要蒐集多筆『ADC 值』和『對應實際溫度』。在蒐集資料前，先將 " 自製溫度計 " 和 " 溫度計 " 放在一起，才能確保兩者讀取到同一個溫度。

使用者在蒐集資料的過程中，盡量蒐集想要量測範圍內的資料。例如想要量測人類體溫，就蒐集大約 30~40 ℃ 的資料，因為正常人的體溫並不會超過此範圍，範圍外的資料沒有意義。

蒐集**不重複**的資料可以幫助訓練時的多變性，讓訓練好的模型預測效果更好。所以除了範圍選擇正確，蒐集不重複的資料也很重要。

資料記錄的範圍、筆數並沒有限制，讀者可以根據自己的需求調整。

本實驗我們有提供範例檔『資料集 / temperature.txt』。在範例中共蒐集了 228 筆資料，從 1℃ 到 91℃。**沒有溫度計的讀者可以直接使用範例檔進行後面的神經網路訓練。**

⚠ 我們紀錄時將 " 自製溫度計 " 的金屬探頭和 " 水銀溫度計 " 放到熱水中，並藉由熱水不斷接近常溫的過程，紀錄每隔 1 ℃ 的 ADC 值，等溫度到達常溫時再使用冰塊讓其繼續下降，並一樣每隔 1 ℃ 紀錄 1 次 ADC 值。上述方式可供大家參考。

LAB13　連續體溫監測器 - 蒐集資料

實驗目的	蒐集多筆 ADC 值 (特徵) 及實際溫度 (標籤) 到『temperature.txt』供訓練模型使用。
材　　料	同 LAB12、溫度計

⚠ 套件內沒有溫度計，讀者需自行準備。

■ 接線圖

同 LAB12

■ 實驗原理

從前面的 **LAB02 膚電反應量測器**中我們可以發現，就算手都還沒有放上感測器時，其 ADC 值還是會有些微的浮動，熱敏電阻也一樣，即使放在同一個地方且溫度沒有變化，其 ADC 值也會有浮動的情況，因此我們採取每 0.01 秒讀一次 ADC 值，**每 20 筆 ADC 值**取平均值的方式來降低數值浮動的影響。

在記錄的過程中，我們不知道使用者想要記錄幾筆資料，所以會使用 while True 迴圈不斷重複執行程式，等使用者認為資料足夠時，輸入 end 就可以使用 break 跳出 while 迴圈來結束程式。

> **軟體補給站**
>
> break 的功能是強制結束迴圈，常跟 while True 進行搭配。

■ 程式設計

LAB13.py

```python
1    import time
2    from machine import Pin, ADC
3
4
5    adc_pin = Pin(36)              # 36是ESP32的VP腳位
6    adc = ADC(adc_pin)             # 設定36為輸入腳位
7    adc.width(ADC.WIDTH_10BIT)     # 設定分辨率位元數(解析度)
8    adc.atten(ADC.ATTN_11DB)       # 設定最大電壓
9
10   data = 0                       # 資料總和
11   num_data = 1                   # 資料筆數
12   f = open('temperature.txt', 'w')       # 開啟txt檔
13
14   print(adc.read())              # 先顯示一次，確認數值是否正常
15
16   while True:
17       print('第' + str(num_data) + '筆')# 顯示紀錄第幾筆
18       temp = input("現在溫度:")          # 輸入實際溫度
19
20       if temp == 'end':
21           break
22
23       for i in range(20):        # 重複20次
24           thermal = adc.read()   # ADC值
25           data = data + thermal  # 加總至data
26           time.sleep(0.01)
27
28       data = int(data/20)        # 取平均
29       print('熱敏電阻:', data)
30       print('')                  # 多空一行
31       f.write(str(data) + ' ' + temp + '\n') # data存到檔案中
32
33       data = 0        # 總和歸0
34       num_data += 1   # 次數加1
35   f.close()
```

- 第 12 行：開啟 temperature.txt 檔

- 第 14 行：前面 LAB02 有提過 ADC 值為 0 或 511 時就代表接線錯誤，顯示 ADC 值就是為了確定值是否正常 (非 0 和 511)

- 第 20-21 行：當使用者輸入 end 時，會跳出 while 迴圈

- 第 23-28 行：每 20 筆資料平均一次

■ 測試程式

請先到 Thonny 上方的工具列按**工具 / 選項 / 直譯器**，確認當前的直譯器為 **Micropython (ESP32)** 後，按 F5 執行程式，互動環境會先顯示 1 次 ADC 值確認有無問題，然後顯示『第 1 筆』和等待輸入實際溫度的欄位。每當實際溫度有變化時，將溫度計的值輸入並按下 Enter 鍵即可：

顯示資料筆數

確認 ADC 值有無問題，有問題 (0 或 511) 時請檢查接線

此格需要自行填入溫度計值

只要認為資料足夠，輸入 end 即可終止程式：

對動作有疑問者請掃描下方 QR-Code：

⚠ 蒐集的資料量如果太少會導致神經網路無法找到其中的規則，建議蒐集 60 筆以上。

蒐集完畢後需要將 ESP32 上的『temperature.txt』下載到電腦端。在 temperature.txt 上按滑鼠右鍵，並點擊『**下載到…**』，即可看到電腦端有 temperature.txt 檔：

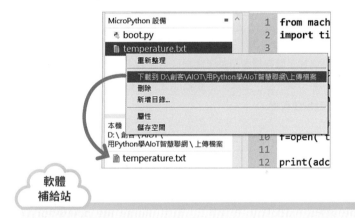

軟體補給站

如果程式結束後沒有看到 temperature.txt，點擊 MicroPython 設備旁的 ≡，並點選重新整理即可看到檔案：

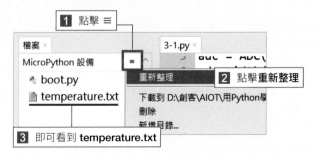

② 建立神經網路：體溫迴歸模型

利用 ADC 值作為特徵，實際溫度作為標籤，藉由迴歸分析尋找兩者間的關係。其訓練流程與第 8 章類似，如下：

最後比第 8 章增加了**儲存模型**是為了將模型轉移到 ESP32 上預測資料。整體流程雖然和第 8 章一樣，但其中的**參數**卻會大大影響模型的好壞，下面就來看看哪些參數需要改變。

讀取檔案

首先到 Thonny 的工具列按**工具 / 選項 / 直譯器**，切換成我們在第 8 章安裝有 Keras 的本地端的 Python 版本，接著開啟一個新的 Python 檔案，並命名為 **temperature_model.py**，複製第三方模組 **keras_lite_convertor.py** 以及『蒐集資料』儲存的 temperature.txt 到此 Python 檔案所在的資料夾，使用以下程式碼讀取檔案內容：

讀取 temperature.txt

```
import keras_lite_convertor as kc

path_name = 'temperature.txt'
Data_reader = kc.Data_reader(path_name, mode='regression')
data, label = Data_reader.read()
```

⚠ as 代表改變匯入的模組名稱，常用於名稱太長的模組。

讀取完畢後，data 就是剛剛蒐集的 ADC 值，label 則是實際溫度。

⚠ data 和 label 的資料格式為 np.array

軟體補給站

Python 中有一個名為 Numpy 的擴充模組，常用於資料處理：

```
import numpy as np
```

Numpy 中包含了名為陣列 (array) 的資料格式。類似於 list 物件，可以用來存放資料，但運算效率比 list 好：

```
np.array([10, 2, 45, 32, 24])
```
◀── 存放 10, 2, 45, 32, 24

資料預處理

將資料處理成適合神經網路的格式，便是**資料預處理**，另外我們也會同時將資料分割為訓練集、驗證集和測試集，第 8 章我們取 90% 的資料當作訓練集，但因為本例的資料量不多 (範例檔共 69 筆)，為了讓驗證集和測試集不要太少，因此只取 85% 當作訓練集：

資料分割 - 訓練集

```
split_num = int(len(data)*0.85)
train_data=data[:split_num]    # 訓練用資料
train_label=label[:split_num]  # 訓練用標籤
```

np.array() 是裝資料的**容器**。可以使用 len() 回傳容器長度：

a=np.array([1, 5, 6, 8, 21])

```
>>> len(a)
↓
5
```

a[m:n] 代表從**容器 a 中切出由第 m 到 n 但不包含 n 的片段**：

```
>>> a[2:4]
↓
[6, 8]

>>> a[:4]
↓
[1, 5, 6, 8]

>>> a[2:]
↓
[6, 8, 21]
```

⚠ m 省略則預設為 0；n 省略則預設為最後一位

將訓練集分割出來後，就可以計算訓練集的平均值和標準差將『全部資料』正規化。另外，標籤正規化我們選擇**直接除以 100** 來縮小數值範圍，之後進行預測時，只要將預測值直接乘以 100 即可換算回實際值：

資料正規化

```
mean = train_data.mean()    # 平均數
data -= mean                # data 減掉平均數
std = train_data.std()      # 標準差
data /= std                 # data 除以標準差
label /= 100                # 將 label 範圍縮小 (label 正規化)
```

⚠ data -= mean 與 data = data - mean 會得到相同結果。代表將 data 減掉平均後把結果存回 data。

陣列可以進行**四則運算**：

```
>>>a=np.array([2, 4, 6])
>>>b=np.array([1, 2, 3])

>>>a+b
np.array([3, 6, 9])
>>>a-b
np.array ([1, 2, 3])
>>>a*b
np.array([2, 8, 18])
>>>a/b
np.array([2, 2, 2])
```

上面的例子可以看出 **a 陣列**第 0 個位置的值會與 **b 陣列**第 0 個位置的值做四則運算，以此類推到其他位置。

將所有資料正規化完後，就可以將另外 15% 的資料拆成驗證集和測試集，測試集選擇最後 5 筆資料，其他的則是驗證集：

```
# 驗證集
validation_data=data[split_num:-5]     # 驗證用資料
validation_label=label[split_num:-5]   # 驗證用標籤
# 測試集
test_data=data[-5:]                    # 測試用資料
test_label=label[-5:]                  # 測試用標籤
```

⚠ [:-5] 代表切割到倒數第 5 筆；[-5:] 代表從倒數第 5 筆切割到最後一筆。

建立神經網路架構

迴歸預測的神經網路架構與第 2 章幾乎一模一樣，只需要調整**輸入的特徵數**、**神經層數**和**神經元個數**。這裡我們經過實驗後，建立了一個 4 層神經層，前 3 層各包含 20 個神經元，並使用 ReLU 激活函數，最後一層為了不限制輸出值的範圍，因此不使用激活函數：

⚠ 大部分的激活函數都會限制輸出值的範圍，但是遇到迴歸問題時，其輸出值不需要被限制範圍，多數情況下最後一層都不會使用激活函數。

temperature_model.py(續)　建立神經網路架構

```
from tensorflow.keras.models import Sequential
from tensorflow.keras import layers
model = Sequential()
model.add(layers.Dense(20,activation = 'relu',
                       input_shape=(1,)))
model.add(layers.Dense(20, activation = 'relu'))
model.add(layers.Dense(20, activation = 'relu'))
model.add(layers.Dense(1))
```

編譯及訓練模型

神經網路的損失函數 (loss) 和優化器 (optimizer) 跟第 2 章一樣，所以就不多加說明。訓練週期則是選擇 1000 次：

temperature_model.py(續)　編譯及訓練模型

```
model.compile(optimizer='adam', loss='mse', metrics=['mae'])
train_history = model.fit(train_data, train_label,
        validation_data=(validation_data, validation_label),
        epochs=1000)
```

測試模型

訓練完畢後，拿測試集進行預測，以此來查看模型對沒看過的資料是否也能有良好的預測結果：

temperature_model.py(續)　測試模型

```
# 預測值
print('predict:')
print(model.predict(test_data))
print()
# 實際值
print('real:')
print(test_label)
```

以下為完整的程式碼：

temperature_model.py

```
1    # 讀取 temperature.txt
2    import keras_lite_convertor as kc
3
4    path_name = 'temperature.txt'
5    Data_reader = kc.Data_reader(path_name, mode='regression')
6    data, label = Data_reader.read()
7
8    # 資料預處理
9    # 取資料中的 85% 當作訓練集
10   split_num = int(len(data)*0.85)
11   train_data = data[:split_num]
12   train_label = label[:split_num]
```

```
13
14   # 正規化
15   mean = train_data.mean() # 平均數
16   data -= mean
17   std = train_data.std()    # 標準差
18   data /= std
19
20   label /= 100      # 將 label範圍落在 0~1 (label正規化)
21
22   # 訓練集、驗證集、測試集的資料形狀
23   # 訓練集
24   print(train_data.shape)
25
26   # 驗證集
27   validation_data = data[split_num:-5]
28   print(validation_data.shape)
29   validation_label = label[split_num:-5]
30
31   # 測試集
32   test_data = data[-5:]
33   print(test_data.shape)
34   test_label = label[-5:]
35
36   # 建立神經網路架構
37   from tensorflow.keras.models import Sequential
38   from tensorflow.keras import layers
39
40   model = Sequential()
41
42   # 增加一個密集層，使用ReLU激活函數，輸入層有1個輸入特徵
43   model.add(layers.Dense(20, activation='relu',
44                          input_shape=(1,)))
45   model.add(layers.Dense(20, activation='relu'))
46   model.add(layers.Dense(20, activation='relu'))
47   model.add(layers.Dense(1))
48   model.summary()      # 顯示模型資訊
49
50   # 編譯及訓練模型
51   model.compile(optimizer='adam', loss='mse', metrics=['mae'])
52   train_history = model.fit(
53       train_data, train_label,  # 測試集
54       validation_data=(validation_data,
55       validation_label),        # 驗證集
56       epochs=1000)              # 訓練週期
57
58   # 測試模型
59   # 預測值
60   print('prediction:')
61   print(model.predict(test_data))
62   print()
63   # 實際值
64   print('groundtruth:')
65   print(test_label)
66
67   # 儲存模型
68   kc.save(model,'temperature_model.json')
69
70   # 顯示正規化相關資訊
71   print('mean =',mean)
72   print('std =',std)
```

請按下 F5 執行程式，在建立模型後會開始進行訓練，並在訓練完畢後顯示預測值：

儲存模型

為了將訓練好的模型放到 ESP32 中，我們需要將模型儲存成 keras_lite 專用的 json 格式，檔名為『temperature_model.json』，在互動環境 (Shell) 中輸入以下程式碼：

```
temperature_model.py(Shell)( 儲存模型 )
>>> kc.save(model, 'temperature_model.json')
```

執行成功後，即可看到『temperature_model.json』檔案。

■ 顯示正規化相關資訊

除了將模型放到 ESP32 中，還需要代入 2 項資料，分別是『平均值』、『標準差』。

資料正規化時，我們將資料減掉平均值再除以標準差，最後運用其值得到模型，因此可以認為模型認識的是正規化後的資料，所以需要將 ESP32 的值**透過訓練集**的**平均值、標準差**進行正規化，神經網路才能正確預測。在互動環境 (Shell) 中輸入以下程式碼：

```
>>> print('mean =', mean)
mean = 170.98275862068965
>>> print('std =', std)
std = 90.31162360353873
```

到此神經網路的訓練就結束了，接下來就準備來量測體溫囉！

3 使用訓練好的模型進行體溫量測

訓練好模型後，就能回到 ESP32 上進行『體溫量測』。

LAB14　連續體溫監測器 - 體溫量測

實驗目的	將 ADC 值帶入訓練好的模型中進行體溫量測，並將結果傳到網頁介面上，打造連續體溫監測器。
材　料	同 LAB12

■ 接線圖

同 LAB12

■ 實驗原理

將訓練好的模型上傳至 ESP32 後，使用**旗標科技**開發的 keras_lite 模組將模型建立成物件：

```
from keras_lite import Model
model = Model('temperature_model.json')    # 建立模型物件
```

Model() 的參數為模型檔名稱。除了模型外，**平均值**與**標準差**也是不可或缺的資料，請更改為剛才**儲存模型**步驟中的**顯示正規化相關資訊**，所得到的**平均值、標準差**：

```
mean=170.98275862068965    # 請更改為剛才儲存模型步驟的 mean
std=90.31162360353873      # 請更改為剛才儲存模型步驟的 std
```

前面提過模型只認識正規化後的資料，所以 ADC 值需要先正規化才可代入模型中進行預測。而為了增加預測時的運算速度，我們需要將 data 從**串列 (list)** 轉換成**陣列 (array)** 格式：

軟體
補給站

MicroPython 中並沒有 Numpy 模組，但有另一個相似的模組，名為 **ulab**：

```
import ulab as np
```

常常有人會將『array』和 Python 內建的『list』做比較，兩者都可以進行資料的存放和運算，但在計算效率上 array 則是快上 list 好幾倍，下圖來比較兩者間的差異：

list:

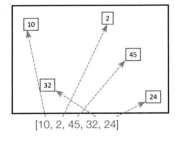

[10, 2, 45, 32, 24]

array:

np.array([10, 2, 45, 32, 24])

黑框為記憶體空間，可以發現 list 的資料是隨意分散於記憶體中，而 array 則是以區塊為單位整齊排列。所以在運算時 array 可以更有效率的提取資料，速度當然也會相對快速。

```
data = np.array([int(data)])    # 將整數 data 轉換成 array 格式
data = data-mean                # data 減掉平均數
data = data/std                 # data 除以標準差
```

data 經過**減掉平均和除以標準差**的正規化步驟後，就可以使用 model 物件的 predict() 進行預測：

```
tem = model.predict(data)
```

predict() 會回傳一個陣列，裡面的數值內容即是預測值。

如果要從陣列中取出數值，需要指定陣列中從 0 起算的位置，如果要位置為 2 的數值，可以使用 **[2]** 來提取。因為迴歸預測的結果只有 1 個 (位置 0)，所以使用 [0] 來取出預測值：

```
tem[0]          # 藉由位置 0 取出預測值
```

得到的預測值會是**預測溫度的百分之一**，因為訓練模型時的預處理會將標籤除以 100，所以要**乘以 100** 才是實際的預測溫度。

```
tem = round(tem[0]*100, 1)
```

⚠ round() 代表四捨五入，第一個參數是數值，第二個參數是決定四捨五入的結果要保留到小數後第幾位。

得到體溫值後，我們會將數值傳到以下網頁介面：

■ 程式設計

請先切換直譯器為 **MicroPython(ESP32)**，並上傳 " 模組 " 資料夾中的 **ESPWebServer.py**，以及 "CH09 / 上傳資料 " 資料夾中的 **index.html** 連續體溫量測專用網頁到 ESP32 上。

接著上傳模型至 ESP32：

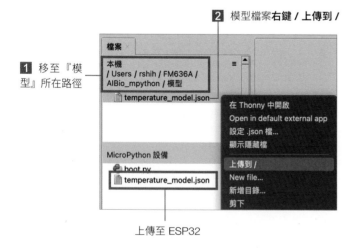

1 移至『模型』所在路徑

2 模型檔案**右鍵 / 上傳到 /**

上傳至 ESP32

```
LAB14.py
1   import _thread
2   import time
3   from machine import Pin, ADC
4   import network, ESPWebServer
5   from keras_lite import Model # 從 keras_lite 模組匯入 Model
6   import ulab as np            # 匯入 ulab 模組並命名為 np
7
8
9   model = Model('temperature_model.json')   # 建立模型物件
10
11  # 增加神經網路的參數與模型
12  mean = 637.7357512953367  # 平均值
13  std = 217.74074905622302  # 標準差
14
15  adc_pin = Pin(36)
16  adc = ADC(adc_pin)
17  adc.width(ADC.WIDTH_10BIT)
18  adc.atten(ADC.ATTN_11DB)
19
20  temp = 0                      # 溫度
21
22  def cal_temp(data):
23      data = np.array([data])   # 將data轉換成array格式
24      data = data - mean        # data減掉平均數
25      data = data/std           # data除以標準差
26
27      temp = model.predict(data)    # 得出預測值
28      temp = round(temp[0]*100, 1)  # 將預測值×100等於預測溫度
29      return temp
30
31  def SendTemp(socket, args):    # 處理 /measure 指令的函式
32      ESPWebServer.ok(socket, "200", str(temp))
33
34  def web_thread():      # 處理網頁的子執行緒函式
35      while True:
```

```
36              ESPWebServer.handleClient()
37
38   print("連接中...")
39   sta = network.WLAN(network.STA_IF)
40   sta.active(True)
41   sta.connect("無線網路名稱", "無線網路密碼")
42
43   while not sta.isconnected():
44       pass
45
46   print("已連接，ip為:", sta.ifconfig()[0])
47
48   ESPWebServer.begin(80)                     # 啟用網站
49   ESPWebServer.onPath("/measure", SendTemp)# 指定處理指令的函式
50
51   _thread.start_new_thread(web_thread, ()) # 啟動子執行緒
52
53   while True:
54       data = 0
55       for i in range(20):          # 重複20次
56           thermal = adc.read()     # ADC值
57           data = data + thermal    # 加總至data
58           time.sleep(0.01)
59       data = int(data/20)          # 取平均
60
61       temp = cal_temp(data)
62       print(temp)
```

- 第 12~13 行：請更換成前一個實驗中顯示的平均數和標準差

- 第 41 行：填入自己的無線網路名稱與密碼

測試程式

　　請確認 Wi-Fi 無線網路正常運作後，按下 F5 執行程式，ESP32 控制板連上無線網路，會在**互動環境 (Shell) 窗格**顯示 IP 位址。

　　在裝置上開啟瀏覽器，並在網址列輸入 **http://+ IP 位址**後，瀏覽器會開啟網頁，按下 ▶ 鈕，網頁就會顯示當前量測到的即時體溫：

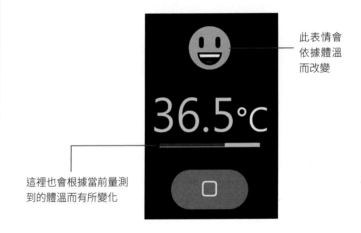

此表情會依據體溫而改變

這裡也會根據當前量測到的體溫而有所變化

10

智慧血壓計

血壓是指血液對血管所產生的壓力。血壓過低，血液無法正常輸送至全身，會造成細胞缺氧；而血壓過高，則會讓心血管受損，容易引發心肌梗塞及中風等疾病。由於心臟會收縮及舒張，產生的血壓也會不同，收縮時的血壓比較高，稱為收縮壓；舒張時的血壓比較低，稱為舒張壓。定期量測血壓有助於了解自身的健康狀況，這一章就讓我們來做一個連續監測血壓計。

10-1　血壓計的發展史

■ 侵入式血壓

　　世界上第一個量測到血壓的科學家，是使用一支很長的黃銅管，插入馬匹的動脈後，量測血液衝上銅管的高度，這種方式就稱為**侵入式血壓**。由於量測方式相當不便，因此很少使用在人體上。

圖片來源網址：https://www.instantbloodpressure.com/history-of-blood-pressure

■ 聽音診斷法

20 世紀時，一名俄國的學者發現了一種非侵入式的血壓量測方式，他使用壓脈帶加壓受測者的手臂直到血液難以通過，然後再緩慢減壓的過程中，由於受阻的血液得以流過手臂，因此使用聽診器可以聽到摩擦的脈動聲，此時量測到的壓力即為收縮壓，而當脈動聲消失時代表血液可以完全通過，即是舒張壓。因為他的重大發現，所以這個脈動聲也以他的名字命名為**柯氏音**。

■ 電子聽音診斷法

後來的人們使用電子器材取代人工聽診，利用自動加壓的壓脈帶和麥克風，來製造電子血壓計，原理還是使用**柯氏音**來實現。

■ 示波振幅法

之後又出現了更先進的電子量測方法。在壓脈帶加壓後的減壓過程中，使用精密電子儀器來量測血液的脈動，當脈動波急劇增大時就判定為是收縮壓，急劇降低時則是舒張壓。目前市面上的電子血壓計大多採用此方式。

10-2 PWTT 血壓量測法

我們即將使用的血壓量測方式與上面介紹的都不同，我們要用的是近幾年來逐漸受到關注的量測法，被稱為**脈搏波傳導時間算法 (Pulse Wave Transit Time, 簡稱 PWTT)**，它的原理是：心臟跳動時，需要有反應時間，才能將脈動傳導到肢體，而這個時間與血壓的收縮壓具有一定的相關，一般來說越短的傳導時間代表血壓也越高，因此我們只要量測 **ECG** 的峰值和 **PPG** 的峰值時差就能換算出血壓數值。

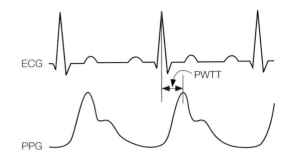

使用 PWTT 進行量測的好處便是能得到連續的數值，這對於必須長時間監測血壓的人是一大幫助，然而這個相關方程式根據不同的量測方式和峰值偵測法會不同，且目前多數研究指出每個受測者的相關方程式也不盡相同，也就是說，我們如果想建立一個連續監測血壓的機器，就得找出符合自己的相關方程式，這對於已經學會神經網路的我們來說當然不會是問題，以下馬上就來實作一個專屬自己的血壓計吧！

10-3 連續量測血壓計

本實驗的流程與第 9 章的體溫計類似：

1. 蒐集資料：量測及記錄 PWTT 值與實際血壓

2. 建立神經網路：血壓迴歸模型

3. 使用訓練好的模型進行血壓量測

1 蒐集資料：量測及記錄 PWTT 值與實際血壓

為了取得 PWTT 值與血壓的關係，我們必須自己建立資料集，由於 PWTT 需要 ECG 和 PPG 訊號，所以本實驗要同時使用到前面章節用過的 MAX30102 和 AD8232 感測器，另外還需要準備一個**血壓計**以取得對應的血壓值。

若沒有血壓計的讀者，可以先直接使用我們所提供的範例檔『資料集 / pwtt_bp.txt』，該檔案內有 61 筆資料，是從不同公開研究中所收集而來的資料，來自於 9 名受測者，於不同時間和狀態所量測的 PWTT 和對應的血壓值。

首先，我們來學習如何同時使用 MAX30102 和 AD8232 來取得 PWTT 值。

ESP32	MAX30102
3V	VIN
GND	GND
25	SCL
26	SDA

ESP32	AD8232
3V	3.3V
GND	GND
VP	OUTPUT

LAB15　連續量測血壓計 - 取得 PWTT

實驗目的	使用 MAX30102 和 AD8232 同時量測 PPG 和 ECG，並計算兩個訊號的峰值時差，以取得 PWTT。
材　料	• ESP32 • MAX30102 感測器 • AD8232 感測器 • 麵包板 • 杜邦線若干

■ 設計原理

我們會分別使用兩個濾波器來生成 ECG 和 PPG 的動態閾值，並計算兩個波產生的時差：

```
thresh_gen_pulse = IIR_filter(0.9) # 用於產生PPG的動態閾值
thresh_gen_heart = IIR_filter(0.9) # 用於產生ECG的動態閾值
```

■ 程式設計

請先確定有上傳 " 模組 " 資料夾中的 **max30102.py 模組函式庫**、**pulse_oximeter.py 血氧計算函式庫**、**circular_buffer.py 血氧運算工具**到 ESP32 上，並確認當前直譯器為 **MicroPython (ESP32)**。

■ 接線圖

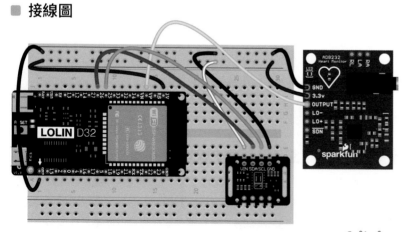

fritzing

```
LAB15.py
1    from utime import ticks_ms, ticks_diff
2    from machine import Pin, ADC, SoftI2C
3    from max30102 import MAX30102
4    from pulse_oximeter import Pulse_oximeter, IIR_filter
5
6
7    led = Pin(5, Pin.OUT)
8    led.value(1)
9
10   adc_pin = Pin(36)              # 36是ESP32的VP腳位
11   adc = ADC(adc_pin)            # 設定36為輸入腳位
```

```python
12    adc.width(ADC.WIDTH_10BIT) # 設定分辨率位元數(解析度)
13    adc.atten(ADC.ATTN_11DB)     # 設定最大電壓
14
15    my_SCL_pin = 25          # I2C SCL 腳位
16    my_SDA_pin = 26          # I2C SDA 腳位
17
18    i2c = SoftI2C(sda=Pin(my_SDA_pin),
19                  scl=Pin(my_SCL_pin))
20
21    sensor = MAX30102(i2c=i2c)
22    sensor.setup_sensor()
23
24    pox = Pulse_oximeter(sensor)
25
26    thresh_gen_pulse = IIR_filter(0.9) # 用於產生PPG的動態閾值
27    thresh_gen_heart = IIR_filter(0.9) # 用於產生ECG的動態閾值
28    dc_extractor = IIR_filter(0.99)     # 用於提取DC成分
29
30    detected_heart_beat = False
31    pulse_is_beating = False
32    heart_is_beating = False
33    pulse_time_mark = ticks_ms()
34    heart_time_mark = ticks_ms()
35    max_ecg = 0
36
37    while True:
38        ecg_raw = adc.read()
39        if ecg_raw > max_ecg:
40            max_ecg = ecg_raw
41
42        pox.update()
43
44        if pox.available():
45            ecg = max_ecg
46            thresh_heart = thresh_gen_heart.step(ecg)
47
48            red_val = pox.get_raw_red()
49            red_dc = dc_extractor.step(red_val)
50            ppg = int(red_dc*1.01 - red_val)
51            thresh_pulse = thresh_gen_pulse.step(ppg)
52
53            ##--------------偵測心跳開始--------------#
54            if ecg > (thresh_heart + 100) and not
55            heart_is_beating:
56                print("heart beat!")
57                detected_heart_beat = True
58                heart_is_beating = True
59                heart_time_mark = ticks_ms()
60            elif ecg < thresh_heart:
61                heart_is_beating = False
62            ##--------------偵測心跳結束--------------#
63
64            ##--------------偵測脈搏開始--------------#
65            if ppg > (thresh_pulse + 20) and not
66            pulse_is_beating:
67                led.value(0)
68                print("pulse beat!")
69                pulse_is_beating = True
70                pulse_time_mark = ticks_ms()
71
72                if detected_heart_beat:
73                    pwtt = ticks_diff(pulse_time_mark,
74                                      heart_time_mark)
75                    print("pwtt =", pwtt)
76                    detected_heart_beat = False
77
78            elif ppg < thresh_pulse:
79                led.value(1)
80                pulse_is_beating = False
81            #--------------偵測脈搏結束--------------#
82            max_ecg = 0
```

- 第 54~61 行：偵測心跳的程式碼

- 第 65~80 行：偵測脈搏的程式碼

- 第 72~75 行：若偵測到脈搏前也有偵測到心跳，則計算 PWTT 並顯示

■ 測試程式

請先如同第 6 章將電極貼片貼到指定的身體位置，接著按下 F5 執行程式，然後以食指**水平**放於 MAX30102 感測器的紅光和**感光器**上，此時**互動環境 (Shell)** 顯示一個 "heart beat!" 搭配一個 "pulse beat!"，並在之後顯示 PWTT 的值，就代表成功了：

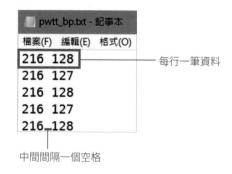

可以量測 PWTT 值後，就可以準備一台血壓計，並同時量測 **PWTT** 和**血壓**，一手量測脈搏，一手量測血壓，在血壓計量測到血壓的同時記下互動環境 (Shell) 當前顯示的 PWTT 值，開啟一個記事本，命名為 "pwtt_bp.txt"，以 "PWTT 血壓 " 的格式記錄下數值，換行後再繼續記錄其它數值，例如：

建議可以在不同**時間點** (早上、中午、晚上)，不同**生理狀態** (運動、休息) 下進行量測，盡可能蒐集多筆不同對應數值的資料，如果想要精準一點的量測結果，建議僅針對一人量測即可，如果想要血壓計更泛用一點，則要多找一點人來蒐集資料。

2 建立神經網路：血壓迴歸模型

本實驗的訓練流程和程式碼都與第 9 章雷同，只差在正規化的方式是直接將輸入資料 (PWTT) **除以 200**, 標籤 (血壓) **除以 100**：

```
data /= 200
label /= 100
```

請在 Thonny 的工具列按**工具 / 選項 / 直譯器**，切換成 **Local Python 3**, 接著開啟一個新的 Python 檔案，並命名為 **bp_model.py**，複製第三方模組 **keras_lite_convertor.py** 以及『蒐集資料』儲存的 **pwtt_bp.txt** 到此 Python 檔案旁邊：

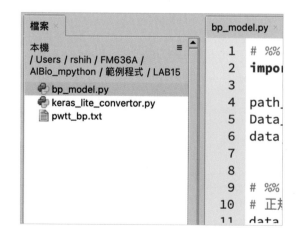

以下為完整的訓練程式碼：

bp_model.py

```
1   # 讀取 pwtt_bp.txt
2   import keras_lite_convertor as kc
3
4   path_name = 'pwtt_bp.txt'
5   Data_reader = kc.Data_reader(path_name, mode='regression')
6   data, label = Data_reader.read()
7
8
9   # 資料預處理
10  # 正規化
11  data /= 200
12  label /= 100
13
14  # 取資料中的 85% 當作訓練集
15  split_num = int(len(data)*0.85)
16  train_data = data[:split_num]
17  train_label = label[:split_num]
18
19  # 驗證集
20  validation_data = data[split_num:-5]
21  validation_label = label[split_num:-5]
22
23  # 測試集
24  test_data = data[-5:]
25  test_label = label[-5:]
26
27
28  # 建立神經網路架構
29  from tensorflow.keras.models import Sequential
30  from tensorflow.keras import layers
31
32  model = Sequential()
33  # 增加一個密集層，使用ReLU激活函數
34  model.add(layers.Dense(20, activation='relu',
35                         input_shape=(1,))) # 輸入層有1個輸入特徵
36  model.add(layers.Dense(20, activation='relu'))
37  model.add(layers.Dense(20, activation='relu'))
38  model.add(layers.Dense(1))
39
40
41  # 編譯及訓練模型
42  model.compile(optimizer='adam', loss='mse', metrics=['mae'])
43  train_history = model.fit(
44      train_data, train_label,  # 測試集
45      validation_data=(validation_data, validation_label),
46      epochs=1000)              # 訓練週期
47
48
49  # 測試模型
50  # 預測值
51  print('prediction:')
52  print(model.predict(test_data))
53  print()
54  # 實際值
55  print('groundtruth:')
56  print(test_label)
```

請按下 F5 執行程式，建立模型後開始進行訓練，並在訓練完畢後顯示測試集的預測值：

```
互動環境 (Shell) ×
Epoch 1000/1000
2/2 [==============================] - 0s 20ms/step - loss:
0.0050 - mae: 0.0456 - val_loss: 0.0019 - val_mae: 0.0389
prediction:
1/1 [==============================] - 0s 68ms/step
[[1.1011399]
 [1.147034 ]
 [1.124087 ]
 [1.2801275]
 [1.3030747]]

groundtruth:
[[1.09]
 [1.07]
 [1.1 ]
 [1.27]
 [1.28]]
```

在互動環境 (Shell) 中輸入以下程式碼儲存模型為『bp_model.json』：

```
>>> kc.save(model, 'bp_model.json')
```

執行成功後，即可看到『bp_model.json』檔案。有了這個模型後，就能進行血壓量測了。

LAB16　連續量測血壓計 - 血壓量測

實驗目的	將 PWTT 值代入訓練好的模型中進行血壓量測，並將結果傳到網頁介面上，打造連續血壓監測器。
材　　料	同 LAB15

■ 接線圖

同 LAB15

■ 實驗原理

將訓練好的模型上傳至 ESP32，並計算出 PWTT 後**除以 200** 再代入模型進行預測。最後預測出來的值需要**乘上 100** 轉換回實際血壓值。

以下為 PWTT 轉換成血壓的函式：

```
def cal_bp(pwtt):
    pwtt /= 200
    pwtt = np.array([pwtt])
    bloop_pressure = model.predict(pwtt) # 得出預測值
    bloop_pressure = round(
            bloop_pressure[0]*100, 1) # 將預測值×100
    return bloop_pressure
```

得到血壓值後，我們也會計算出心率，並將數值傳到以下網頁介面：

■ 程式設計

　請先切換直譯器為 **MicroPython(ESP32)**, 並上傳 "CH10 / 上傳資料" 資料夾中的 **index.html** 連續血壓量測專用網頁到 ESP32 上。

LAB16.py

```
1    import _thread
2    from utime import ticks_ms, ticks_diff
3    from machine import Pin, ADC, SoftI2C
4    import network, ESPWebServer
5    from max30102 import MAX30102
6    from pulse_oximeter import Pulse_oximeter, IIR_filter
7    from keras_lite import Model # 從 keras_lite 模組匯入 Model
8    import ulab as np            # 匯入 ulab 模組並命名為 np
9
10
11   model = Model('bp_model.json')       # 建立模型物件
12
13   led = Pin(5, Pin.OUT)
14   led.value(1)
15
16   adc_pin = Pin(36)            # 36是ESP32的VP腳位
17   adc = ADC(adc_pin)           # 設定36為輸入腳位
18   adc.width(ADC.WIDTH_10BIT)   # 設定分辨率位元數 (解析度)
19   adc.atten(ADC.ATTN_11DB)     # 設定最大電壓
20
21   my_SCL_pin = 25             # I2C SCL 腳位
22   my_SDA_pin = 26             # I2C SDA 腳位
23
24   i2c = SoftI2C(sda=Pin(my_SDA_pin),
25                  scl=Pin(my_SCL_pin))
26
27   sensor = MAX30102(i2c=i2c)
28   sensor.setup_sensor()
29
30   pox = Pulse_oximeter(sensor)
31
32   thresh_gen_pulse = IIR_filter(0.9)  # 用於產生PPG的動態閾值
33   thresh_gen_heart = IIR_filter(0.9)  # 用於產生ECG的動態閾值
34   dc_extractor = IIR_filter(0.99)     # 用於提取直流成分
35
36   detected_heart_beat = False
37   pulse_is_beating = False
38   heart_is_beating = False
39   pulse_time_mark = ticks_ms()
40   heart_time_mark = ticks_ms()
41   max_ecg = 0
42   heart_rate = 0
43   num_beats = 0
44   target_n_beats = 3
45   tot_intval = 0
46   bp = 0
47
48   def cal_heart_rate(intval, target_n_beats=3):
49       intval /= 1000
50       heart_rate = target_n_beats/(intval/60)
51       heart_rate = round(heart_rate, 1)
52       return heart_rate
53
54   def cal_bp(pwtt):
55       pwtt /= 200
56       pwtt = np.array([pwtt])
57       bloop_pressure = model.predict(pwtt) # 得出預測值
58       bloop_pressure = round(
59           bloop_pressure[0]*100, 1) # 將預測值×100
60       return bloop_pressure
61
62   def SendHrRate(socket, args):      # 處理 /hr 指令的函式
63       ESPWebServer.ok(socket, "200", str(heart_rate))
64
65   def SendBP(socket, args):          # 處理 /line 指令的函式
66       ESPWebServer.ok(socket, "200", str(bp))
67
68   def web_thread():
```

```
69        while True:
70            ESPWebServer.handleClient()
71
72    print("連接中...")
73    sta = network.WLAN(network.STA_IF)
74    sta.active(True)
75    sta.connect("無線網路名稱", "無線網路密碼")
76
77    while not sta.isconnected():
78        pass
79
80    print("已連接, ip為:", sta.ifconfig()[0])
81
82    ESPWebServer.begin(80)
83    ESPWebServer.onPath("/hr", SendHrRate)
84    ESPWebServer.onPath("/bp", SendBP)
85
86    _thread.start_new_thread(web_thread, ()) # 啟動子執行緒
87
88    while True:
89        ecg_raw = adc.read()
90        if ecg_raw > max_ecg:
91            max_ecg = ecg_raw
92
93        pox.update()
94
95        if pox.available():
96            ecg = max_ecg
97            thresh_heart = thresh_gen_heart.step(ecg)
98
99            red_val = pox.get_raw_red()
100           red_dc = dc_extractor.step(red_val)
101           ppg = red_dc*1.01 - red_val
102           thresh_pulse = thresh_gen_pulse.step(ppg)
103
104           #---------------偵測心跳開始---------------#
105           if ecg > (thresh_heart + 100) and not
106  heart_is_beating:
107               print("heart beat!")
108               detected_heart_beat = True
109               heart_is_beating = True
110               heart_time_mark = ticks_ms()
111           elif ecg < thresh_heart:
112               heart_is_beating = False
113           #---------------偵測心跳結束---------------#
114
115           #---------------偵測脈搏開始---------------#
116           if ppg > (thresh_pulse + 20) and not
117  pulse_is_beating:
118               pulse_is_beating = True
119               led.value(0)
120               print("pulse beat!")
121
122               rr_intval = ticks_diff(ticks_ms(),
123                               pulse_time_mark)
124
125               if 2000 > rr_intval > 270:
126                   tot_intval += rr_intval
127                   num_beats += 1
128                   if num_beats == target_n_beats:
129                       heart_rate = cal_heart_rate(
130                           tot_intval, target_n_beats)
131                       print("heart rate =", heart_rate)
132                       tot_intval = 0
133                       num_beats = 0
134               else:
135                   tot_intval = 0
136                   num_beats = 0
137               pulse_time_mark = ticks_ms()
138
139               if detected_heart_beat:
140                   pwtt = ticks_diff(pulse_time_mark,
141                               heart_time_mark)
142                   print("pwtt =", pwtt)
```

```
143                     bp = cal_bp(pwtt)
144                     print("bp =", bp)
145                     detected_heart_beat = False
146
147             elif ppg < thresh_pulse:
148                     pulse_is_beating = False
149                     led.value(1)
150             #---------------偵測脈搏結束---------------#
151             max_ecg = 0
```

● 第 75 行：填入自己的無線網路名稱與密碼

■ 測試程式

請確認 Wi-Fi 無線網路正常運作，再按下 F5 執行程式，ESP32 控制板連上無線網路後，會在**互動環境 (Shell) 窗格**顯示 IP 位址。

在裝置上開啟瀏覽器，並在網址列輸入 **http:// + IP 位址**後，瀏覽器會開啟網頁，請按照 **LAB14** 的操作以偵測 **ECG** 和 **PPG**，接著按下 ▶ 鈕，網頁就會顯示當前量測到的即時**血壓和心率**：

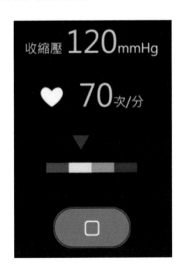

10-4 探討 - PWTT 血壓量測法準嗎？

PWTT 血壓量測法時至今日都還算是很初期的技術，如同前面所說的，不少研究都指出 PWTT 量測法必須針對不同使用者建立**專屬模型**，才能達到良好的效果，然而實際場景當然不可能如此使用，因此當前不少研究正在發展能普遍適用大眾的 PWTT 量測法，主要的發想概念是：除了單純使用 PWTT 之外，也加入該受測者的其它資訊，例如身高、體重、年齡等等，另外也有研究建議加入由 PPG 訊號取得的額外參數，像是心率、收縮波到舒張波的時差、訊號振幅等等，這些研究結果都表明能再進一步提升 PWTT 推算血壓的準確度。

也就是說，如果讀者對此方法很有興趣，或許能嘗試加入不同參數，蒐集更多資料，並搭配神經網路的技術來實作，看看能否建立更高準確度的連續血壓監測器。

強化版心率計

在前面的第 5 章和第 6 章時我們都實作過心率計,然而讀者應該有注意到一個問題,在量測心率的時候,很容易因為身體的動作而影響到訊號,例如在量測 PPG 訊號時,如果手指放在感測器上的力道稍微不一致,就可能導致訊號波動而偵測到錯誤的波峰,如此一來,計算出來的心率也會是錯的。這一章就讓我們來解決此問題,打造一個強化版心率計吧!

11-1　訊號辨識技術

　　為了解決當前心率計容易偵測到非脈搏或非心跳波峰的問題,我們就必須使用到訊號辨識的能力,也就是從訊號中判斷**特定波形**的能力,這對於人類可以說是相當簡單的事,一旦你看過 ECG 或 PPG 的波形圖,那就很容易將它們和雜訊區分開來,然而如同第 8 章所提到過的,人類雖然能輕鬆做到這種感知能力,但卻難以表達成明確的邏輯。

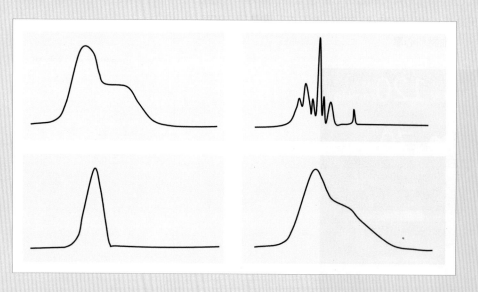

你應該能輕鬆看出來這 4 個訊號中哪些是 PPG,哪些是雜訊,不過你知道自己是怎麼辦到的嗎?

為了解決此問題，我們可以拆分成兩個部分來討論，一個是**特徵提取**，一個是**分類**。特徵提取是指將訊號中具有意義的部分找出來，例如尖尖的突起，分類則是指利用這些特徵將目標訊號 (ECG、PPG) 和雜訊區分開來，這兩部分都能用神經網路來處理，以下就讓我們來學習如何用神經網路實現訊號辨識吧！

11-2　卷積神經網路 CNN

先前我們使用的神經網路結構都是一個個神經元組成神經層，然後每層神經層彼此互相連接，這種結構也稱之為密集神經網路或是全連接神經網路，接下來我們要介紹另一種結構：**卷積神經網路 (Convolution Neural Network, CNN)**，它相當適合處理局部特徵，在深入理解它之前，我們先用 PPG 來介紹何謂局部特徵：

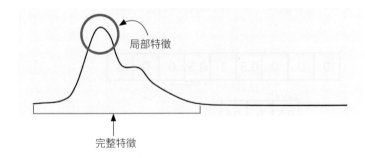

我們之所以能知道這是 PPG 訊號，就是透過其中的局部特徵來判斷的，例如典型的 PPG 訊號一定會有一個向上的凸起 (收縮波)，這就是一個局部特徵，而多個局部特徵可以組成更完整的特徵，所以不管這個 PPG 訊號出現在資料的哪個**位置**，我們都能順利判斷，不會因為特徵出現的位置而影響判斷結果，然而普通的密集神經網路是將所有的資料一起運算 (全連接)，因此它對特徵出現的位置相當敏感，例如下圖雖然也是 PPG，但它可能會認為和上圖是截然不同的資料。

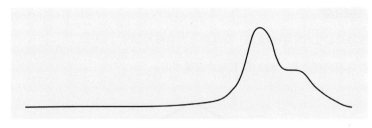

出現在資料右邊的 PPG

為了讓神經網路也能利用局部特徵學習，因此有人提出了**卷積神經網路 (Convolution Neural Network, CNN)**，它的連接方式有別於密集神經網路，是專門設計用來提取局部特徵的，以下我們就來深入理解它的架構和原理。

一個標準的 CNN 是由卷積層、池化層、展平層、密集層所組成，右圖是一個 CNN 的基本架構：

簡單來說一個完整的 CNN 就是由一到多個卷積層，搭配一個池化層組成一個區塊，然後疊加多個區塊，再接上展平層最後連接我們熟知的密集層進行分類或是迴歸。其中有很多神經層是我們第一次見到，因此接下來便針對 CNN 的各個層來進行講解。

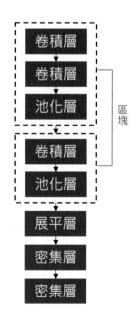

■ 卷積層

卷積層是 CNN 中的靈魂，負責以下的卷積運算。

首先我們假設有一個如同下圖的訊號：

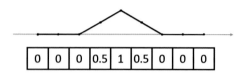

接著選擇一個**卷積核 (kernel)** 來和它進行卷積運算：

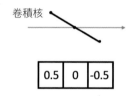

卷積核

卷積核就是一個比輸入資料還短的序列資料，當卷積核和輸入資料做卷積運算時，它會強化輸入資料中與它相似的特徵 (以上例來說就是左上到右下的特徵：＼), 因此可以做到特徵提取。以下為它的運算方式。

1 卷積核首先從最左邊開始與各點相乘，然後再加總得到第一個值：

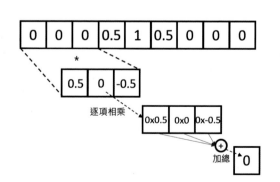

2 接著卷積核往右一格，做一樣的運算（逐項相乘＋加總）得到第二個值。

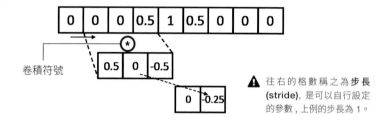

卷積符號

⚠ 往右的格數稱之為**步長 (stride)**, 是可以自行設定的參數，上例的步長為 1。

此時，得到了一個負值，這代表輸入資料的這個位置，有與卷積核相反的特徵 (左下到右上：／)。

3 繼續往右移動並計算，直到掃過所有資料為止：

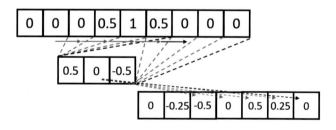

將卷積完的資料畫成直方圖後，你會發現其實這就是原資料中含有多少卷積核特徵的成分，因此我們會把卷積完的資料稱為**特徵圖 (feature map)**, 其中數值越高代表含有越多卷積核特徵，反之越少。以此例來說，我們可以從特徵圖看出，卷積核特徵出現在輸入資料的右半邊，而左半邊是反向特徵。

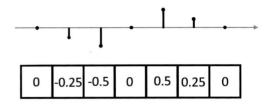

⚠ 以上的運算結果，也可以想成是保留了原訊號中符合卷積核特徵的區域，抑制不符合的區域，也就是一種**濾波**處理，因此卷積核也被稱為**濾波器 (filter)**。

卷積後的數值也能代入激活函數，一般都是使用 ReLU，以卷積的意義來看，就是不參考反向特徵：

卷積層的內部就是在進行以上的運算，只是上面的卷積核是我們自己定義的，而卷積層的卷積核是由神經網路自行學習的，因此我們只需要指定卷積核大小及數量即可。每一次經過卷積層後，會根據內含的卷積核數量決定特徵圖數量，而越多卷積核也能找到越多特徵，另外，從上面的計算我們可以得知，大的卷積核可以得到大的局部特徵，小的卷積核得到的便是小局部特徵，那麼到底要設定多少才恰當呢？

現在常見的做法都是選用小的卷積核，因為大的局部特徵其實就是由小的局部特徵所組成，因此連續堆疊小卷積核的卷積層便能找到更大的局部特徵，例如我們想在以下的訊號中提取尖尖的特徵：∧，那我們可以先用小卷積核：／ 對輸入資料做卷積：

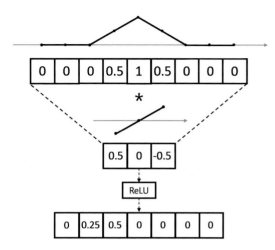

然後再用另一個小卷積核：＼對特徵圖做一次卷積：

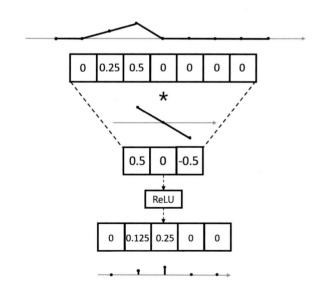

從兩次卷積後的特徵圖可以看到，尖尖的特徵在中間的位置被找到了。

不知道你有沒有發現一件事，那就是卷積後的特徵圖比原本的資料還少，基本上這樣是沒關係的，因為還是能判斷特徵出現的相對位置，不過如果想讓卷積後的特徵圖資料筆數不變，就可以在開始的時候，將輸入資料的周圍補 0，這樣卷積完就不會減少資料數了。

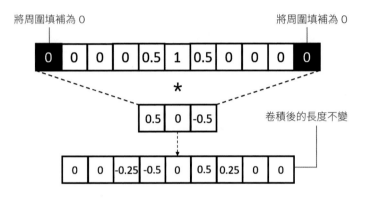

使用 Keras 建立卷積層，只要用 layers 的 Conv1D() 就可以了：

```
from tensorflow.keras.layers import Conv1D
Conv1D(filters, kernel_size, strides=1, padding='valid',
        activation=None)
```

⚠ Conv1D 代表是 1D 的卷積層，由於我們之後要處理的資料是 1 維的時序資料，所以用 1D 即可。另外 Keras 還有用於處理平面圖片的 Conv2D，和用於處理立體圖的 Conv3D。

以下介紹卷積層 Conv1D() 常見的參數：

● **filters**：卷積核（濾波器）數量。該卷積層要使用幾個卷積核，越多個能提取越多特徵，也就是會生成越多個特徵圖。

● **kernel_size**：卷積核大小。越大的卷積核能取得越大的局部特徵，但也會降低容錯率，現在普遍都選用小的卷積核。

● **strides**：步長。卷積運算時，卷積核一次要移動多少個格數，預設值為 1。

● **padding**：填補方式。預設為 'valid'，代表只取有效值、不填補。想要填補的話，可以設定為 'same'。

● **activation**：激活函數。卷積運算後，要使用什麼激活函數，預設為 None，即不使用。

■ 池化層

通常我們在建立 CNN 時，越後面的卷積層會設定越多的卷積核，以提取更多的特徵，然而好幾層的卷積層會讓參數量和運算量變的很大，為了解決這個問題，我們就需要**降低採樣頻率 (downsampling)**，即在盡量保留特徵資訊的情況下，縮小資料量。CNN 用的降低採樣頻率方法為**池化 (Pooling)**，根據不同算法又能分為：**最大池化 (MaxPooling)** 和**平均池化 (AveragePooling)**，以下會分別介紹兩者的運算方式。

最大池化 (MaxPooling)

假設有一個如下的特徵圖要進行池化運算：

0	-0.25	-0.5	0	0.5	0.25	0

首先要設定一個窗口大小，以下用 3 為例。池化運算就是要讓窗口中的所有值化為 1 個值，以達到降低採樣的目的，而最大池化指的是取最大值：

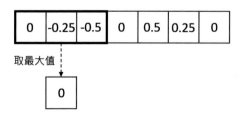

再來要設定池化的步長，也就是控制窗口往右移幾格。一般來說，步長會設定成和窗口一樣的大小 (所以是 3)。

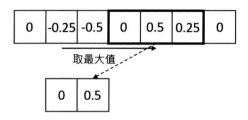

當剩餘的資料不足一個窗口大小時，就代表運算完畢了，所以原本長度為 7 的資料，經過窗口大小 3 的池化運算後，變成了長度為 2 的資料。池化後的特徵圖，還是能看出特徵出現在右邊，因此沒有損失重要資訊，但省了不少儲存空間。

使用 Keras 建立最大池化層，只要用 layers 的 MaxPooling1D() 即可：

```
from tensorflow.keras.layers import MaxPooling1D
MaxPooling1D(pool_size=2, strides=None)
```

- **pool_size**：窗口大小。預設為 2。

- **strides**：步長。預設為 None, 代表與窗口大小一致，也可以用數字自行指定。

平均池化 (AveragePooling)

平均池化的算法與最大池化大同小異，只差在最大池化是取**最大值**，而平均池化是取**平均值**，我們看以下範例會更清楚：

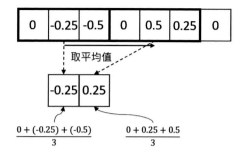

使用 Keras 建立平均池化層，用 layers 的 AveragePooling1D() 即可，它的參數用法與最大池化一致：

```
from tensorflow.keras.layers import AveragePooling1D
AveragePooling1D(pool_size=2, strides=None)
```

展平層

經過數個卷積層和池化層後，最終要接上密集層才能做分類或回歸，但是卷積後的資料會產生很多個特徵圖，所以會多一個維度：

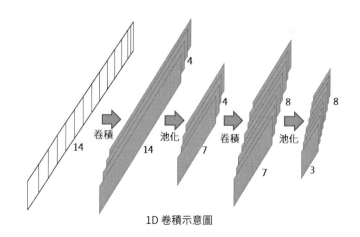

1D 卷積示意圖

上圖中可以看到原本長度為 14 的一維資料在經過第一次卷積後，得到 4 個特徵圖，接下來再經過二層池化層與卷積層，最後輸出 3x8 的二維資料，為了要讓資料變回一維的，這時候就要使用展平層。它會將所有資料都拉平成一維：

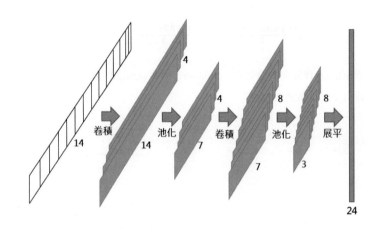

這樣一來就可以繼續接密集層了，後面的用法就和一般的密集神經網路一樣。到這裡我們就將 CNN 的概念講解完了，它的目的就是為了提取局部特徵，再來我們要介紹如何用神經網路處理分類問題。

11-3 二元分類

區分不同的訊號，例如 PPG 和雜訊，有別於先前預估數值的迴歸問題，這個問題是要從幾個選項中，選出一個答案，這種問題稱為**分類 (classification) 問題**，依據選項的數量，又可以分為**二元分類和多元分類**，此實驗會將訊號分為**是 PPG** 和**不是 PPG** 兩個選項，所以是屬於二元分類。

『二元分類』顧名思義就是 **2 選 1**，例如以下的例子中，我們想知道薪水高低和離家距離能否決定民眾的求職意願，隨機蒐集幾筆資料後，我們得到下面的分布圖：

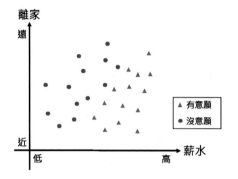

上圖中，薪水高低和離家距離就是兩個特徵值，而有意願和沒意願代表兩個類別，我們的目的就是將圓點和三角形分開，且分別貼上有意願和沒意願的標籤。在此例子中，可以用一條線將資料分開，並定義落於線左邊的資料就是沒意願，反之，在線右邊的便是有意願：

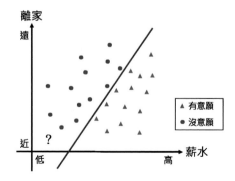

這條分割線可以視為一個決策線，當有未知標籤的新資料時，便能利用此決策線進行分類，例如上圖中的問號落於線的左邊，以此可以得知就算離家很近，只要薪水太低，一般民眾是沒有工作意願的。

在此例子中，雖然和迴歸問題一樣是找出了一個函數，但不一樣的是這個函數是決策函數而不是迴歸函數，由於它是一條直線所以我們可以知道，此函數的式子會是：

決策函數 =ax+by+c

其中 x 為薪水高低，y 為離家距離，a、b、c 為參數，由此可知神經網路也能產生這樣的函數：

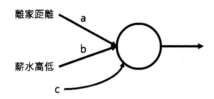

當我們將資料代入此函數時，如果輸出為 0 代表會落在此線上，大於 0 則會落在線的右邊，小於 0 則是落在線的左邊：

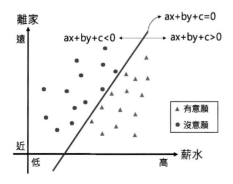

也就是說當決策函數的輸出大於 0 就代表是有意願，而小於 0 則是沒意願，那麼神經網路要如何表達以上的結果呢？它可以使用專用於輸出層的激活函數，這是讓神經網路可以解決分類問題的關鍵，以下是一個輸出接上**單位步階函數 (unit step function)** 的神經網路：

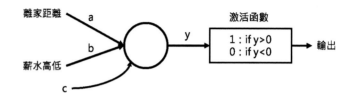

這種激活函數在神經網路中就是量化輸出 (把原本連續的數值分成不連續) 的作用，因此只要把離家距離和薪水高低輸入神經網路，輸出結果為 1 就代表有意願、為 0 代表沒意願，以下為單位步階函數的圖型：

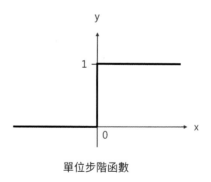

單位步階函數

使用單位步階函數作為輸出層激活函數的神經網路又稱為**感知器 (Perceptron)**，它可以說是最原始的神經網路。後來為了讓輸出值含有信心程度 (例如 70% 有意願、30% 沒意願)，於是便改用以下的 sigmoid 函數：

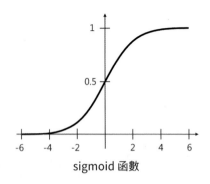

sigmoid 函數

它不會直接輸出 0 或 1, 而是將任意數值壓縮到 0~1 的範圍, 所以要再指定一個閾值, 作為判斷標準 (通常是 0.5), 所以當輸出為 0.7 時 (大於 0.5), 就能說神經網路的預測結果為 1, 且信心程度是 70%；如果輸出為 0.2 時 (小於 0.5), 則能說神經網路的預測結果為 0, 且信心程度為 80% (1-0.2)。

理解了 CNN 和二元分類後就能整合在一起, 用來處理 PPG 辨識以強化心率計**抗雜訊**的能力。

11-4 實作：強化版 PPG 心率計

以下將升級之前的 PPG 心率計, 增加辨識 PPG 的能力, 只有在偵測到 PPG 波峰訊號時才計算心率, 偵測到雜訊波峰時則不計算, 如此一來便能提升心率計的準確度, 避免計算出錯誤的數值, 以下為實驗流程：

1. 蒐集資料：儲存及標記 PPG 訊號

2. 建立神經網路：PPG 分類模型

3. 使用訓練好的模型進行 PPG 辨識和心率量測

1 蒐集資料：儲存及標記 PPG 訊號

首先一樣從蒐集資料開始, 我們會利用程式將波峰訊號記錄下來, 並由人工標記為**是 PPG** 或**不是 PPG**, 以此建立 PPG 分類資料集。

LAB17	強化版 PPG 心率計 - 標記 PPG
實驗目的	量測並記錄波峰訊號, 再以人工方式標記是否為 PPG 訊號, 最後儲存訊號與標記作為訓練模型用的資料集。
材　料	同第 5 章 LAB07。

■ 接線圖

同第 5 章 LAB07。

■ 設計原理

本實驗的程式類似於第 5 章的 LAB07, 差別在於偵測到 **3** 個波峰後, 不是僅計算心率而已, 還會讓使用者標記是否為 PPG 訊號。要將連續訊號儲存起來, 我們可以利用串列 (list), 以及串列的方法 append(), 使用方式如下：

```
data = []          # 建立data 串列
data.append(ppg)   # 將ppg加入到data串列中
```

由於我們要設計的神經網路必須要有固定的輸入大小, 所以在蒐集訊號時會讓每筆資料的長度統一為 300, 之所以選擇 300 是因為先前有說過, 人類被記錄到最慢的心跳是一下 2000 毫秒以內, 那麼 3 下心跳便是 6000 毫秒以內, 而我們的系統採樣一個訊號點的時間約為 20 毫秒, 所以長度 300 (6000/20) 是非常足夠的。固定串列長度的方式, 會採用**截長補短**, 太長的資料會取前幾筆, 太短的資料會在後方補 0, 可以使用以下程式來達成：

```
def trim(data, length=300):
    if len(data) > length:
        data = data[:length]
    else:
        data = data + [0 for _ in range(length - len(data))]
    return data
```

■ 程式設計

請先確定有上傳 " 模組 " 資料夾中的 **max30102.py** 模組函式庫、
pulse_oximeter.py 血氧計算函式庫到 ESP32 上，並確認當前直譯器為
MicroPython (ESP32)。

LAB17.py

```
1    from utime import ticks_ms, ticks_diff
2    from machine import SoftI2C, Pin
3    from max30102 import MAX30102
4    from pulse_oximeter import Pulse_oximeter, IIR_filter
5
6
7    led = Pin(5, Pin.OUT)
8    led.value(1)
9
10   my_SCL_pin = 25          # I2C SCL 腳位
11   my_SDA_pin = 26          # I2C SDA 腳位
12
13   i2c = SoftI2C(sda=Pin(my_SDA_pin),
14               scl=Pin(my_SCL_pin))
15
16   sensor = MAX30102(i2c=i2c)
17   sensor.setup_sensor()
18
19   pox = Pulse_oximeter(sensor)
20
21   thresh_generator = IIR_filter(0.9) # 用於產生動態閾值
22   dc_extractor = IIR_filter(0.99)    # 用於提取直流成分
23
24   is_beating = False
25   beat_time_mark = ticks_ms()
26   heart_rate = 0
27   num_beats = 0
28   target_n_beats = 3      # 設定要幾次心跳才更新一次心率
29   tot_intval = 0
30
31
32   def cal_heart_rate(intval, target_n_beats=3):
33       intval /= 1000
34       heart_rate = target_n_beats/(intval/60)
35       heart_rate = round(heart_rate, 1)
36       return heart_rate
37
38   def trim(data, length=300):
39       if len(data) > length:
40           data = data[:length]
41       else:
42           data = data + [0 for _ in range(length - len(data))]
43       return data
44
45   data = []
46   file  = open('ppg.txt','w')      # 開啟txt檔
47   num_completed = 0
48   target_num = 50
49
50   while True:
51       pox.update()
52
53       if pox.available():
54           red_val = pox.get_raw_red()
55           red_dc = dc_extractor.step(red_val)
56           ppg = int(red_dc*1.01 - red_val)
57           data.append(ppg)
58           thresh = thresh_generator.step(ppg)
59
60           if ppg > (thresh + 20) and not is_beating:
```

```
61        is_beating = True
62        led.value(0)
63
64    rr_intval = ticks_diff(
65        ticks_ms(), beat_time_mark)
66    if 2000 > rr_intval > 270:
67        tot_intval += rr_intval
68        num_beats += 1
69        if num_beats == target_n_beats:
70            heart_rate = cal_heart_rate(
71                tot_intval, target_n_beats)
72            data = trim(data)
73            for point in data:
74                print(point)
75            print("心率:", heart_rate)
76            yn = input("是否儲存(Y/N)?")
77            if yn in ("y", "Y", "yes"):
78                num_completed += 1
79                print("已儲存: %s/%s 筆資料" %
80                    (num_completed, target_num))
81                # data存到檔案中
82                file.write(str(data)[1: -1])
83                # 換行字元
84                file.write("\n")
85                if num_completed == target_num:
86                    print("完成!")
87                    break
88            else:
89                print("放棄儲存")
90            tot_intval = 0
91            num_beats = 0
92            data = []
93    else:
94        tot_intval = 0
95        num_beats = 0
96        data = []
97    beat_time_mark = ticks_ms()
```

```
98            elif ppg < thresh:
99                is_beating = False
100                led.value(1)
101
102    file.close()
```

- 第 74~75 行：將訊號 print 出來，以便之後標記

- 第 77~82 行：若使用者確認儲存，便將訊號寫入 "ppg.txt"

- 第 85~87 行：資料滿指定筆數時結束程式

■ 測試程式

請按照之前量測 PPG 的方式將手指放於 MAX30102 的感測器上方，然後按下 F5 執行程式，在偵測到 3 個波峰後，互動環境 (Shell) 會顯示是否要儲存此次訊號：

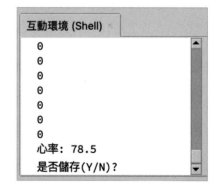

使用者可以利用 LED 的閃爍頻率、顯示的心率是否合理，並以肉眼觀看訊號是否為 PPG(可以利用滑鼠滾輪在互動環境 (Shell) 滑動以查看完整的訊號), 確認 3 個波形都為 PPG 後, 就可以輸入 "y" 或 "Y" 之後按 Enter 來儲存, 若有其中一個波形不為 PPG, 則可以隨意輸入任一鍵 (或直接不輸入) 後 Enter 以跳過。

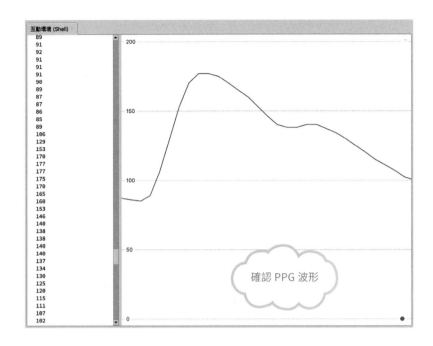

確認 PPG 波形

重複以上過程直到儲存 50 筆資料，程式便會結束並可以在**檔案**窗格的 **MicroPython 設備**看到 "ppg.txt" 這個檔案。

按下**載到…** 以將資料儲存到自己的電腦上

蒐集完 PPG 訊號後，我們接著蒐集非 PPG 的**雜訊**，請將第 **46** 行的 "ppg.txt" 改成 "other.txt", 並再次按下 F5 。這次可以利用手在感測器上揮動，或是手指放於感測器並輕輕晃動以模擬雜訊，也可以在真的 PPG 之中參雜 1~2 次的雜訊，盡可能模擬各種會產生雜訊的情景，直到儲存完 50 筆資料。

將 "other.txt" 檔案也下載到自己的電腦，然後建立一個資料夾命名為 **ppg_classification**, 並把 "ppg.txt" 和 "other.txt" 都放進此資料夾，這樣一來我們就完成 PPG 資料集了。

⚠ 若讀者希望之後的模型辨識能力更強，可以將第 48 行的 **target_num** 改多一點，並多找幾個人來一起蒐集資料，以增加模型的泛用能力。

2 建立神經網路：PPG 分類模型

前幾章的迴歸資料集，每 1 筆資料包含了 1 個『特徵』和對應的 1 個『標籤』，以此訓練出『迴歸模型』。而遇到分類問題時，讀取的檔案會依類別命名存放在資料夾中。

『蒐集資料』的最後我們將 ppg.txt 和 others.txt 放到 **ppg_classification** 資料夾裡，所以在讀取資料時，只要指定 **ppg_classification** 資料夾的路徑即可，資料夾中的 2 個 txt 檔名就代表了 2 個『標籤』，txt 檔內的各 50 筆資料 (或更多) 則代表『特徵』。

先確認**直譯器**需更改為**本地端的 Python3** 後，讀取二元分類資料集的程式如下：

讀取 ppg_classification

```python
import keras_lite_convertor as kc

path = 'ppg_classification'

Data_reader = kc.Data_reader(
    path,
    mode='binary',                      # binary 適用於二元分類
    label_name=['others', 'ppg'])       # 標籤名稱
data, label = Data_reader.read()
```

kc.Data_reader 中的 mode 參數要選擇二元分類用的『binary』，另外相比迴歸預測還多了 1 個參數『label_name』，此參數是用來指定標籤的**名稱**與**順序**，標籤名稱必須與資料夾內的 txt 檔名相同，本例中『others』被指定為第 0 個標籤，『ppg』則是第 1 個。

在前面 LAB17 標記資料的實驗中，資料蒐集的同時我們使用截長補短方式將資料長度固定為 300，是為了讓大家完整觀看資料的樣子，其實針對資料長度不一的狀況，read() 函式有 1 個沒有使用到的參數：maxlen，此參數代表每筆資料的最大長度，當資料超過最大長度時會裁剪；反之不足的會補 0，此動作可以將每筆資料的長度統一，如果之後有自己蒐集的資料長度不一時，就可以使用此參數喔！

以下為我們將建立的模型架構，總共有 3 層 1D 的 CNN 所組成：

```
model = Sequential()
model.add(layers.Reshape((300, 1), input_shape=(300,)))
model.add(layers.Conv1D(4, 3, activation = 'relu',    # 卷積層
                        padding='valid'))
model.add(layers.MaxPooling1D())                # 池化層
model.add(layers.Conv1D(4, 3, activation = 'relu',
                        padding='valid'))
model.add(layers.MaxPooling1D())
model.add(layers.Conv1D(8, 3, activation = 'relu',
                        padding='valid'))
model.add(layers.MaxPooling1D())
model.add(layers.Flatten())              # 展平層
# 輸出層的啟動函數為 sigmoid
model.add(layers.Dense(1, activation = 'sigmoid'))
```

⚠ 因為二元分類模型只會輸出 1 個介於 0~1 之間的數值，所以輸出層只需要 1 個神經元。

如果想查看模型相關資訊，可以在互動環境 (Shell) 輸入：

```
>>> model.summary()
Model: "sequential"

_____
Layer (type)                 Output Shape              Param #
=================================================================
reshape (Reshape)            (None, 300, 1)            0
_____
conv1d (Conv1D)              (None, 298, 4)            16
_____
max_pooling1d (MaxPooling1D) (None, 149, 4)            0
_____
conv1d_1 (Conv1D)            (None, 147, 4)            52
_____
max_pooling1d_1 (MaxPooling1  (None, 73, 4)            0
_____
conv1d_2 (Conv1D)            (None, 71, 8)             104
_____
max_pooling1d_2 (MaxPooling1  (None, 35, 8)            0
_____
flatten (Flatten)            (None, 280)               0
_____
dense (Dense)                (None, 1)                 281
=================================================================
Total params: 453
Trainable params: 453
Non-trainable params: 0
_____
```

編譯模型時 loss 參數選擇『binary_crossentropy』，因為其輸出值是一個介於 0~1 之間的浮點數，常與激活函數『sigmoid』進行搭配用於二元分類；metrics 參數更改為『accuracy』，查看分類的準確性 (accuracy)。訓練只需 200 個訓練週期，即可得到不錯的模型：

⚠ 準確性 (accuracy) 指的是預測正確的比例，例如總共有 100 筆資料，而神經網路成功預測 90 筆，那麼其準確性就是 90%。這是用來評估分類模型最直觀的方法

```
model.compile(
    optimizer='adam',
    loss='binary_crossentropy',
    metrics=['accuracy'])
```

請確認**直譯器**需更改為**本地端的 Python3** 後 接著開啟一個新的 Python 檔案，並命名為 **ppg_model.py**，複製第三方模組 **keras_lite_convertor.py** 以及『蒐集資料』建立的 **ppg_classification** 資料夾到此 Python 檔案的同一資料夾底下，以下為完整的訓練程式碼：

ppg_model.py

```
1   # 讀取 ppg_classification
2   import keras_lite_convertor as kc
3
4   path = 'ppg_classification'
5
6   Data_reader = kc.Data_reader(
7       path,
8       mode='binary',         # binary 適用於二元分類
9       label_name=['others', 'ppg'])    # 標籤名稱
10  data, label = Data_reader.read()
11
12
13  # 資料預處理
14  # 取資料中的 80% 當作訓練集
15  split_num = int(len(data)*0.8)
16  train_data=data[:split_num]
17  train_label=label[:split_num]
18
19  # 正規化
20  mean = train_data.mean() # 平均數
21  data -= mean
22  std = train_data.std()   # 標準差
23  data /= std
24
25  # 驗證集
26  validation_data=data[split_num:-5]
27  validation_label=label[split_num:-5]
28
29  # 測試集
30  test_data=data[-5:]
31  test_label=label[-5:]
32
33  # 建立神經網路架構
34  from tensorflow.keras.models import Sequential
35  from tensorflow.keras import layers
36
37  model = Sequential()
38  model.add(layers.Reshape((300, 1), input_shape=(300,)))
39  model.add(layers.Conv1D(4, 3, activation='relu',
40                  padding='valid'))        # 卷積層
41  model.add(layers.MaxPooling1D())         # 池化層
42  model.add(layers.Conv1D(4, 3, activation='relu',
43                  padding='valid'))
44  model.add(layers.MaxPooling1D())
45  model.add(layers.Conv1D(8, 3, activation='relu',
46                  padding='valid'))
47  model.add(layers.MaxPooling1D())
48  model.add(layers.Flatten())    # 展平層
49  model.add(layers.Dense(
50      1, activation='sigmoid')) # 輸出層的啟動函數為 sigmoid
51
52
53  # 編譯及訓練模型
54  model.compile(
55      optimizer='adam',
56      loss='binary_crossentropy',
57      metrics=['accuracy'])
58
59  train_history = model.fit(
60      train_data, train_label,     # 訓練集
61      validation_data=(            # 驗證集
62          validation_data, validation_label),
```

```
63          epochs=200)                    # 訓練週期為200
64
65
66    # 測試模型
67    print('prediction:')
68    print(model.predict(test_data))
69    print()
70    print('groundtruth:')
71    print(test_label)
```

請按下 F5 執行程式，建立模型後開始進行訓練，並在訓練完畢後顯示測試集的預測值：

```
互動環境 (Shell) ×
Epoch 200/200
5/5 [==============================] - 0s 9ms/step - loss: 0.1353 - acc: 0.9750
- val_loss: 0.0444 - val_acc: 1.0000
prediction:
[[9.9814522e-01]
 [1.8274452e-05]
 [8.0560559e-01]
 [9.9276555e-01]
 [9.8826724e-01]]

groundtruth:
[1 0 1 1 1]
mean = 130.50358333333332
std = 1514.8632605465837
```

在互動環境 (Shell) 中輸入以下程式碼儲存模型為『ppg_model.json』：

ppg_model.py (Shell) （儲存模型）

```
>>> kc.save(model, 'ppg_model.json')
```

執行成功後，即可看到『ppg_model.json』檔案。有了這個模型後，就能進行強化版心率量測了。

另外，由於此實驗中有使用到平均數和標準差來正規化資料，所以要在互動環境 (Shell) 輸入以下程式以顯示這兩個數字：

ppg_model.py (Shell) （顯示平均數和標準差）

```
>>> print('mean =', mean)
mean = 130.50358333333332
>>> print('std =', std)
std = 1514.8632605465837
```

請將這兩個數字記下來，在之後使用模型時會用到。

❸ 使用訓練好的模型進行 PPG 辨識和心率量測

終於到了最後階段，可以來驗收模型的成果了！

LAB18	**強化版 PPG 心率計 - 心率量測**
實驗目的	量測 MAX30102 的訊號，並搭配能辨識 PPG 訊號的神經網路模型，只有在模型判斷為 PPG 的情況下，才會計算心率。
材　　料	同第 5 章 LAB07。

■ 接線圖

同第 5 章 LAB07。

■ 設計原理

請將剛剛訓練模型時取得的平均數和標準差複製起來，在以下的程式中會用到，例如範例程式中的數值為：

```
mean = 130.50358333333332
std = 1514.8632605465837
```

在使用二元分類模型時，其輸出為 0~1 的值，而我們要的是明確的類別 (0 或 1)，這時可以使用 model.predict_classes() 來取代 model.predict()，即可得到 0 或 1 的值，並利用以下程式取得標籤名稱：

```python
label_name = ['others', 'ppg']
pred_class = model.predict_classes(data)
label = label_name[pred_class [0]]
print('class:', label)
```

■ 程式設計

請先切換直譯器為 **MicroPython(ESP32)**，並上傳剛剛儲存的模型 **ppg_model.json** 到 ESP32 上。

LAB18.py

```python
1    from utime import ticks_ms, ticks_diff
1    from utime import ticks_ms, ticks_diff
2    from machine import SoftI2C, Pin
3    from max30102 import MAX30102
4    from pulse_oximeter import Pulse_oximeter, IIR_filter
5    from keras_lite import Model
6    import ulab as np
7
8
9    mean = 130.50358333333332 # 請改成訓練模型時的資料集平均數
10   std = 1514.8632605465837  # 請改成訓練模型時的資料集標準差
11   model = Model('ppg_model.json') # 建立模型物件
12   # label名稱要與建立模型時的順序一樣
13   label_name = ['others', 'ppg']
14
15
16   led = Pin(5, Pin.OUT)
17   led.value(1)
18
19   my_SCL_pin = 25        # I2C SCL 腳位
20   my_SDA_pin = 26        # I2C SDA 腳位
21
22   i2c = SoftI2C(sda=Pin(my_SDA_pin),
23               scl=Pin(my_SCL_pin))
24
25   sensor = MAX30102(i2c=i2c)
26   sensor.setup_sensor()
27
28   pox = Pulse_oximeter(sensor)
29
30   thresh_generator = IIR_filter(0.9) # 用於產生動態閾值
31   dc_extractor = IIR_filter(0.99)    # 用於提取直流成分
32
33   is_beating = False
34   beat_time_mark = ticks_ms()
35   heart_rate = 0
36   num_beats = 0
37   target_n_beats = 3
38   tot_intval = 0
39
40
41   def cal_heart_rate(intval, target_n_beats=3):
42       intval /= 1000
43       heart_rate = target_n_beats/(intval/60)
44       heart_rate = round(heart_rate, 1)
45       return heart_rate
46
47   def trim(data, length=300):
48       if len(data) > length:
49           data = data[:length]
50       else:
51           data = data + [0 for _ in range(length - len(data))]
52       return data
53
54   def get_label(data):
55       data = trim(data)
56       data = np.array([data])
57       data = (data - mean)/std
58       pred_class = model.predict_classes(data)
```

```
59          label = label_name[pred_class[0]]
60          return label
61
62   data = []
63
64   while True:
65       pox.update()
66
67       if pox.available():
68           red_val = pox.get_raw_red()
69           red_dc = dc_extractor.step(red_val)
70           ppg = int(red_dc*1.01 - red_val)
71           data.append(ppg)
72           thresh = thresh_generator.step(ppg)
73
74           if ppg > (thresh + 20) and not is_beating:
75               is_beating = True
76               led.value(0)
77
78               rr_intval = ticks_diff(
79                   ticks_ms(), beat_time_mark)
80               if 2000 > rr_intval > 270:
81                   tot_intval += rr_intval
82                   num_beats += 1
83                   if num_beats == target_n_beats:
84                       label = get_label(data)
85                       print('類別:', label)
86                       if label == "ppg":
87                           heart_rate = cal_heart_rate(
88                               tot_intval, target_n_beats)
89                           print("心率:", heart_rate)
90                       tot_intval = 0
91                       num_beats = 0
92                       data = []
93               else:
94                   tot_intval = 0
95                   num_beats = 0
96                   data = []
```

```
97               beat_time_mark = ticks_ms()
98           elif ppg < thresh:
99               is_beating = False
100              led.value(1)
```

- 第 86~89 行：當類別為 PPG 時才計算心率

■ 測試程式

請將手指放於 MAX30102 的感測器上方，然後按下 F5 執行程式，在偵測到 3 個波峰後，可以看到互動環境 (Shell) 會顯示訊號的類別，只有在模型判斷為 "ppg" 時才會計算心率，否則會顯示 "others" 並直接跳過：

```
互動環境 (Shell) ×
>>> %Run -c $EDITOR_CONTENT
類別: ppg
心率: 50.7
類別: ppg
心率: 50.8
類別: others
類別: ppg
心率: 63.4
```

若為 "others", 直接跳過不計算心率

讀者可以嘗試使用一些假訊號來進行測試，你將發現這個強化版心率計，抵抗雜訊的能力變的非常強大，這就是加入 AI 來辨識訊號的成果！

⚠ 由於本實驗重點為打造抗雜訊能力的心率計，所以沒有加上網頁介面，讀者可以嘗試自行加入。另外也能試著使用 ECG 訊號取代 PPG, 實作 ECG 版的強化心率計。

116

MEMO

M E M O

記得到旗標創客·
自造者工作坊
粉絲專頁按『讚』

1. 建議您到「旗標創客·自造者工作坊」粉絲專頁按讚, 有關旗標創客最新商品訊息、展示影片、旗標創客展覽活動或課程等相關資訊, 都會在該粉絲專頁刊登一手消息。

2. 對於產品本身硬體組裝、實驗手冊內容、實驗程序、或是範例檔案下載等相關內容有不清楚的地方, 都可以到粉絲專頁留下訊息, 會有專業工程師為您服務。

3. 如果您沒有使用臉書, 也可以到旗標網站 (www.flag.com.tw), 點選 聯絡我們 後, 利用客服諮詢 mail 留下聯絡資料, 並註明產品名稱、頁次及問題內容等資料, 即會轉由專業工程師處理。

4. 有關旗標創客產品或是其他出版品, 也歡迎到旗標購物網 (www.flag.tw/shop) 直接選購, 不用出門也能長知識喔!

5. 大量訂購請洽

學生團體   訂購專線：(02)2396-3257 轉 362
           傳真專線：(02)2321-2545

經銷商   服務專線：(02)2396-3257 轉 331
           將派專人拜訪
           傳真專線：(02)2321-2545

國家圖書館出版品預行編目資料

Flag's 創客. 自造者工作坊：
Python X AI 生醫感測健康大應用 / 施威銘研究室 著
初版 . -- 臺北市：旗標科技股份有限公司, 2022.11
面； 公分

ISBN 978-986-312-727-7(平裝)

1. CST: 醫療用品 2. CST: 醫療科技
3. CST: 人工智慧 4. CST: Python (電腦程式語言)

410.35   111014022

作   者／施威銘研究室

發 行 所／旗標科技股份有限公司

        台北市杭州南路一段15-1號19樓

電   話／(02)2396-3257(代表號)

傳   真／(02)2321-2545

劃撥帳號／1332727-9

帳   戶／旗標科技股份有限公司

監   督／黃昕暐

執行企劃／施雨亨

執行編輯／施雨亨·楊民瀚

美術編輯／薛詩盈

封面設計／薛詩盈

校   對／黃昕暐·施雨亨·楊民瀚

行政院新聞局核准登記-局版台業字第 4512 號

ISBN 978-986-312-727-7